高等学校机电工程类"十二五"规划教材

机械 CAD/CAM 实验指导

（第二版）

主　编　黄晓峰

副主编　葛友华　袁铁军

西安电子科技大学出版社

内 容 简 介

本书是高等学校机电工程类"十二五"规划教材之一,是《机械 CAD/CAM(第二版)》(西安电子科技大学出版社出版,2012 年)一书的配套实验指导书。全书结合《机械 CAD/CAM(第二版)》的内容设计了基于 Pro/E 主线的 13 个实验,包括 Pro/E Wildfire 基本操作、参数化草图的绘制、基准特征的创建、实体特征建模、曲面特征建模、装配体的创建、工程图的创建、数控编程、计算机辅助运动仿真分析、计算机辅助工程分析、综合实验 A、综合实验 B 和综合实验 C,并在每个实验后安排了不同难度的思考题,供学生练习。

本书内容全面、图文并茂,可帮助学生加深对教材内容的理解,培养学生的动手能力。本书所介绍的方法实用性、操作性强,与课程要求环环相扣,具有很强的指导作用。

本书既可作为《机械 CAD/CAM(第二版)》一书的配套实验教材,也可作为学习 Pro/E 的独立教材。

图书在版编目(CIP)数据

机械 CAD/CAM 实验指导 / 黄晓峰主编. —2 版.

—西安:西安电子科技大学出版社,2012.2(2014.3 重印)

高等学校机电工程类"十二五"规划教材

ISBN 978-7-5606-2737-3

Ⅰ. ① 机… Ⅱ. ① 黄… Ⅲ. ① 机械设计:计算机辅助设计—高等学校—教学参考资料

② 机械制造:计算机辅助制造—高等学校—教学参考资料 Ⅳ. ① TH122 ② TH164

中国版本图书馆 CIP 数据核字(2012)第 005036 号

策　划　毛红兵

责任编辑　南　景　毛红兵

出版发行　西安电子科技大学出版社(西安市太白南路 2 号)

电　话　(029)88242885　88201467　　邮　编　710071

网　址　www.xduph.com　　　　电子邮箱　xdupfxb001@163.com

经　销　新华书店

印刷单位　陕西天意印务有限责任公司

版　次　2012 年 2 月第 2 版　　2014 年 3 月第 3 次印刷

开　本　787 毫米×1092 毫米　1/16　印　张　9

字　数　208 千字

印　数　7001~10 000 册

定　价　22.00 元(含光盘)

ISBN 978-7-5606-2737-3/TH·0122

XDUP 3029002-3

前　　言

上机实验是机械 CAD/CAM 课程的重要环节之一。虽然目前计算机的普及率很高，学生接触、使用计算机的机会很多，但大多数机械类专业的学生只熟悉 AutoCAD 等简单的绘图软件，其能力与毕业后的就业要求差距很大。为了帮助机械类专业学生提高应用大型 CAD/CAM 软件的能力，我们结合《机械 CAD/CAM(第二版)》的内容编写了本实验指导书。本书详细介绍了 Pro/E 软件的强大功能，主要有参数化草图的绘制、实体特征的创建、曲面特征的创建、装配体的创建、工程图的创建、数控编程、运动仿真、工程分析、Pro/E 各个模块的协调应用、Pro/E 与多个高级 CAD/CAM 软件的协调应用等内容。

本书源于机械 CAD/CAM 的教学实践，集成了一线任课教师和工程师的经验与科研成果，具有如下特点：

(1) 知识覆盖面广。书中的实验内容涵盖了《机械 CAD/CAM(第二版)》的主要知识点，与教学内容联系紧密，突出 CAD/CAM 技术的基本概念和实际应用，有较强的适用性。

(2) 实验方法先进。本书选用功能强大、应用广泛、版本较新的 Pro/E 软件作为主要平台，简单介绍了其他几种功能强大的软件，注重培养学生的创新能力和科学思维方式，通过工程产品与实验内容的融合，在实验过程中注重拓宽学生的视野并培养学生解决工程问题的能力。

(3) 针对性强。本书为针对机械类专业开设的机械 CAD/CAM 课程的配套上机实验指导书。考虑到各学校安排的实验学时数不尽相同，设计了可选的 13 个实验项目，便于不同学校根据需要来选择使用。

(4) 训练方式科学。本书遵循事物发展的客观规律，采取循序渐进的方式，内容安排由简单到复杂，每个实验后还安排了多个不同难度的思考题，引导学生分析与解决问题，以巩固所学知识。

本书由黄晓峰担任主编，葛友华、袁铁军任副主编。本书实验一、实验二、实验三、实验四、实验五、实验六、实验七由黄晓峰执笔；实验八、实验十一、实验十二、实验十三由袁铁军执笔；实验九、实验十由张广冬执笔。全书由葛友华统稿，袁铁军、黄晓峰负责校对。

本书中的所有程序均进行了上机校核。本书的出版得到了周海、刘道标两位老师的大力支持和帮助，在此表示衷心的感谢。

由于编者水平所限，书中错漏之处在所难免，敬请读者不吝指正，以便今后进一步完善。

编　者

2011 年 12 月

目　　录

实验一　　Pro/E Wildfire 基本操作

(建议 1 个学时)

一、实验目的

(1) 熟悉 Pro/E 的操作界面、各组成部分的名称和主要功能；

(2) 熟练掌握对象操作方法、文件的管理操作；

(3) 了解 Pro/E 建模的基本流程。

二、基本知识

1. Pro/E Wildfire 系统的特点及组成模块

1) Pro/E Wildfire 的特点

(1) 实体建模。利用 Pro/E Wildfire 可以轻松地创建 3D 实体模型，让设计的零件及其装配图具有真实的外观；根据材料的密度属性，可以计算出模型的质量、体积、表面积及其他物理属性。

实体建模的优势：如果模型更改了(如厚度变大了)，则所有质量属性都会自动更新。实体模型也可以检查公差或装配元件之间的间隙/干涉。

(2) 基于特征。Pro/E Wildfire 模型是通过一系列特征来构建的。每个特征均构建于先前的特征之上，且一次只创建模型的一个特征。单个的特征可能很简单，但结合起来就可以形成很复杂的零件。特征指每次创建的一个单独几何形状，包括基准特征、实体特征、曲面特征、构造特征等。一个零件可包含多个特征。

(3) 参数化。Pro/E Wildfire 模型是用尺寸值来驱动的。如果特征的尺寸发生了更改，则该实体特征也会随之更改，此更改会自动传播到模型的其余特征中，从而更新整个零件。

(4) 父项/子项关系。父项/子项关系提供了一种将设计意图捕获到模型中的有效方式，该关系是建模过程中在特征间自然创建的。创建特征时，被参考的现有特征成为新特征的父项。如果父特征更新了，则子特征也会随之更新。

(5) 以模型为中心。零件模型是设计信息的中心源。一旦创建了零件模型，即可将其：

① 放置在装配中——根据零件的装配方式，零件可以是静止的或作为机构移动。

② 用于创建工程图——模型的二维投影视图可以快速地被放置在绘图页面中，尺寸可以自动显示，也可以进行手动标注。

(6) 相关性。如果在 Pro/E Wildfire 中更改了某个零件模型，则参照该模型的所有装配或绘图都将自动更改，此特点称为相关性；反之，如果绘图中某个模型尺寸更改了，则使用该模型尺寸的零件模型和装配也将自动更改。

说明：Pro/E 是单一的数据库，是以零件模型文件为中心的。装配件、工程图都是以零件模型为基础的，打开装配或工程图文件时，Pro/E 系统即从相应的零件文件中读取相应的零件数据。因此，装配件、工程图不能离开零件文件而单独存在。当我们把装配件或工程图文件交付给其他机器阅读时，必须交付所有相关的零件文件。

2) Pro/E Wildfire 的组成模块

Pro/E Wildfire 是由多个模块组成的大型软件，常用模块有五个，每个模块都有独立的功能。

(1) 草绘模块：用于绘制和编辑二维平面草图。在进行零件三维特征造型时，需要进行草图轮廓绘制。

(2) 零件设计模块：用于创建三维模型。这是 Pro/E Wildfire 在产品设计时进行参数化实体造型最基本也是最核心的模块。

(3) 装配模块：可轻松完成零件的虚拟装配。在装配过程中，按照装配要求还可以临时修改零件的尺寸参数。另外，系统可使用爆炸图的方式来显示所有零件相互之间的位置关系，效果非常直观。

(4) 曲面模块：用于创建各种类型的曲面特征。曲面模块创建曲面特征的基本方法和步骤与使用零件设计模块创建三维实体特征的方法非常类似。

(5) 工程图模块：可以直接由三维实体模型生成二维工程图。系统提供的二维工程图包括一般视图、投影视图、详细视图、辅助视图、旋转视图等共五种视图类型。设计者可以根据零件的表达需要灵活选取相应的视图类型。

(6) Pro/E Wildfire 的其他模块：包括制造模块、机构仿真模块、模具设计模块、布线模块、分析模块等。

2. 软件的用户界面

Pro/E Wildfire 启动后的初始用户界面如图 1-1 所示。

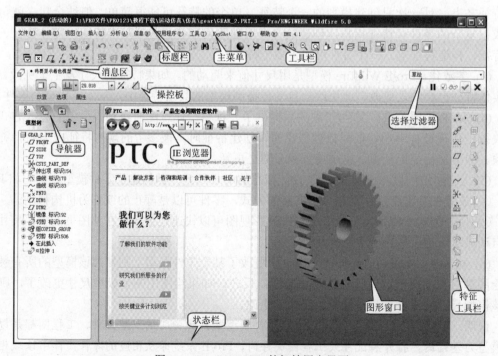

图 1-1　Pro/E Wildfire 的初始用户界面

界面的基本组成如下：

(1) 图形窗口：也称为工作区、绘图区、图形区，是设计者最主要的创作场所，模型位于其中。在单击"IE 浏览器"右侧向左的箭头时，可以使绘图区的窗口扩大至整个用户界面的绝大部分。在单击"导航器"右侧向左的箭头时，设计工作区将充满整个图形用户界面。设计工作区同时是设计成果的展示舞台，所有模型的静态或动态显示都将呈现在这里。

(2) 导航器：位于屏幕左边的可折叠面板。它的三种表达形式如下：

① 层树：对模型的层进行管理。

② 模型树：在屏幕左边列出零件的特征或装配中的元件。

③ 文件夹浏览器：类似于 Windows 资源管理器，列出了所有文件，可以方便地打开和查看某个文件或者文件夹。

(3) IE 浏览器：多功能的 Web 浏览器，用于显示模型列表，位于屏幕中心。

(4) 主菜单：位于屏幕上方，常用的菜单选项有"文件"、"编辑"、"插入"、"工具"和"帮助"等。

(5) 工具栏：将常用的命令做成图形化的按钮，放在主菜单栏的下面，这样可以快速地进行各种操作，提高建模效率。

(6) 消息区：显示提供操作的状态信息、警告或状态提示、要求输入必要的参数以完成模型的设计提示以及错误提示等。

(7) 操控板：包含消息区，在创建特征或装配零件时，操控板位于图形窗口上部的对话栏。

(8) 特征工具栏：将常用的功能以工具按钮的形式集中在其中，位于屏幕右侧。

(9) 状态栏：显示当前模型中选取的项目数和选择对象时采用的过滤器类型。

(10) 选择过滤器：通过下拉列表框中的选项可缩小可选项目类型的范围，轻松定位项目。

说明：Pro/E 的用户界面可根据工作需要进行个性化定制，重新定义各区域显示的位置和包含的内容。

三、操作实例

1. 启动 Pro/E Wildfire

方法一：双击桌面的 图标；

方法二：选择【程序】| PTC | Por ENGINEER | Por ENGINEER 命令，如图 1-2 所示。

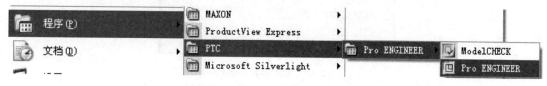

图 1-2 通过【开始】菜单启动

2. 设置当前工作目录

在主界面下，选择下拉菜单【文件】|【设置工作目录】命令，出现【选取工作目录】

对话框，如图 1-3 所示。

单击 ▼ 按钮，选择要改变的工作目录，将目录设置到"光驱\实验指导书随书光盘\实验1\操作实例"，单击【确定】按钮，则当前工作目录将改变，以后保存图形文件或者打开图形文件均在此目录下。

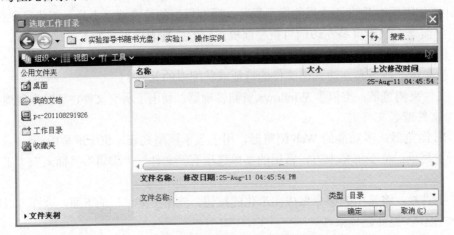

图 1-3 【选取工作目录】对话框

3. 新建图形文件

在主界面下，选择下拉菜单【文件】|【新建】命令，或者单击工具栏中的 图标，出现【新建】对话框，如图 1-4 所示。在对话框中可以选择不同的模块，系统默认选择的是【零件】模块。在【名称】文本框输入零件名称(不能有中文)，单击【确定】按钮，即进入零件设计模式。在该模式下可进行零件三维设计。

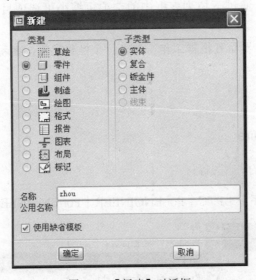

图 1-4 【新建】对话框

4. 打开图形文件

选择【文件】|【打开】命令，或者单击工具栏中的打开按钮 ，出现如图 1-5 所示的对话框。在【类型】下拉列表框中单击下拉按钮，可以从中选择需要打开的文件类型。

选中文件 example-1.prt，单击【打开】按钮，即可打开连杆图形文件。

图 1-5　【文件打开】对话框

5. 模型显示

Pro/E Wildfire 中显示模型的方式有四种，分别是线框模式、隐藏线模式、无隐藏线模式和着色模式。工具栏所示的按钮就分别代表这四种模式。

(1) 线框显示模式：按下按钮，模型显示效果如图 1-6 所示。

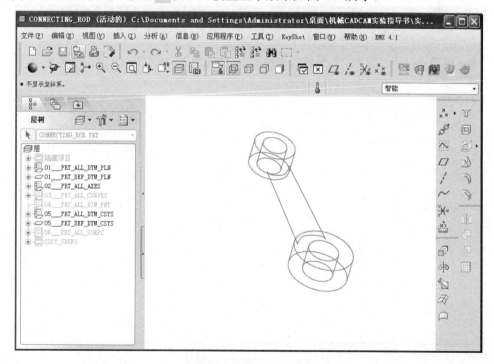

图 1-6　线框显示模式

(2) 隐藏线显示模式：按下 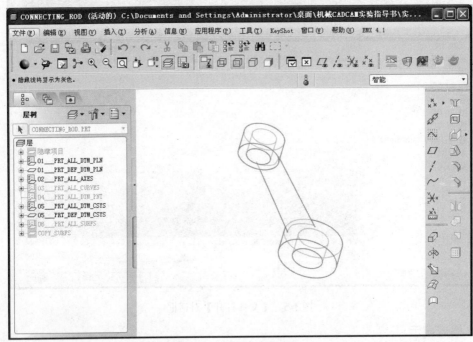 按钮，模型显示效果如图 1-7 所示。

图 1-7　隐藏线显示模式

(3) 无隐藏线显示模式：按下 □ 按钮，模型显示效果如图 1-8 所示。

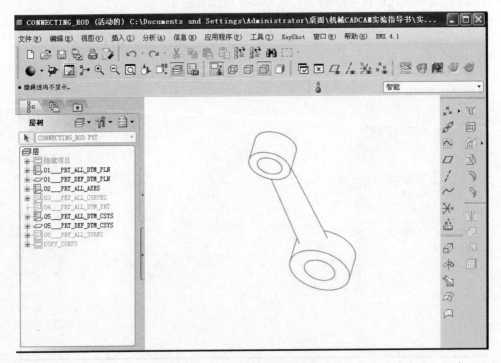

图 1-8　无隐藏线显示模式

(4) 着色显示模式：按下 ▢ 按钮，模型显示效果如图 1-9 所示。

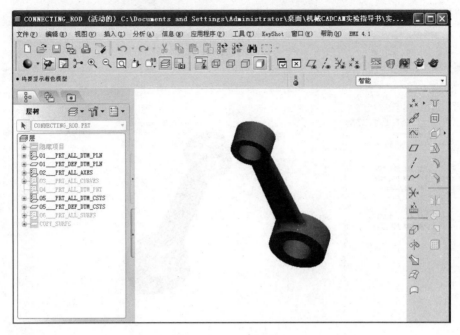

图 1-9　着色显示模式

6. 基准显示

Pro/E Wildfire 中可以显示四种基准，分别是基准平面、基准轴、基准坐标系和基准点。工具栏所示的按钮 ▱ ⁄ ✕✕ ✕✕ 就分别代表这四种基准。

(1) 显示基准平面：按下 ▱ 按钮，模型显示效果如图 1-10 所示。

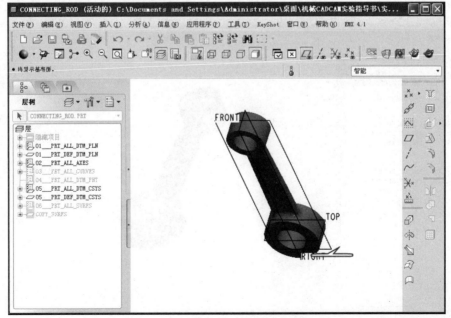

图 1-10　显示基准平面

（2）显示基准轴：按下 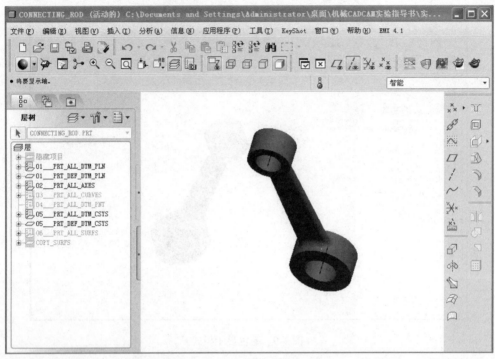 按钮，模型显示效果如图 1-11 所示。

图 1-11　显示基准轴

（3）显示基准坐标系：按下 按钮，模型显示效果如图 1-12 所示。

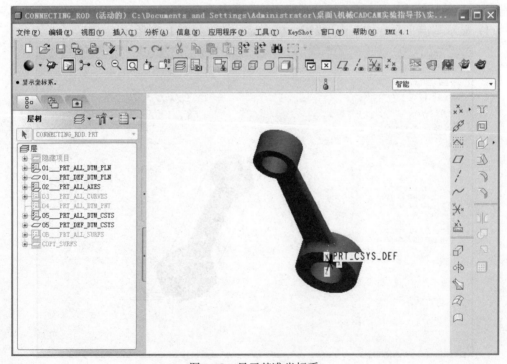

图 1-12　显示基准坐标系

(4) 显示基准点：按下 ⊠ 按钮，模型显示效果如图 1-13 所示。

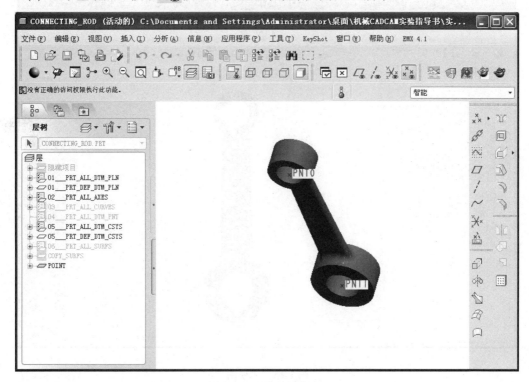

图 1-13　显示基准点

7. 视角操作

在设计 3D 零件或装配件时，为方便地在计算机屏幕上观察实体的各种视角，如正视图、俯视图、侧视图等，需进行必要的视角操作。

点击工具栏上的 ⊡ 按钮，弹出如图 1-14 所示的视角控制对话框。

图 1-14　视角控制对话框

(1) 前视图：点击视角控制对话框中的【FRONT】，模型显示效果如图 1-15 所示。

(2) 侧视图：点击视角控制对话框中的【RIGHT】，模型显示效果如图 1-16 所示。

(3) 俯视图：点击视角控制对话框中的【TOP】，模型显示效果如图 1-17 所示。

(4) 标准视图：点击视角控制对话框中的【标准方向】，模型显示效果如图 1-18 所示。

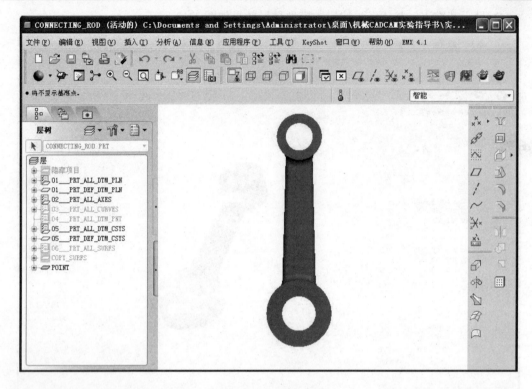

图 1-15　前视图

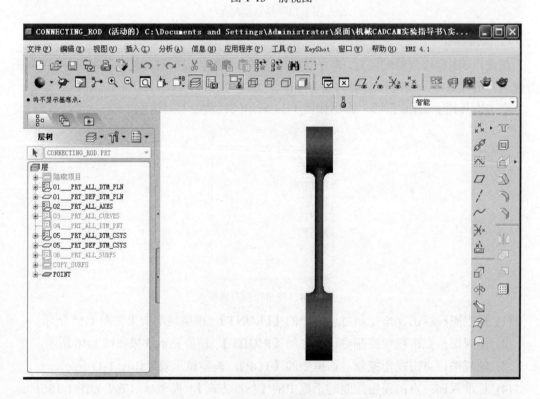

图 1-16　侧视图

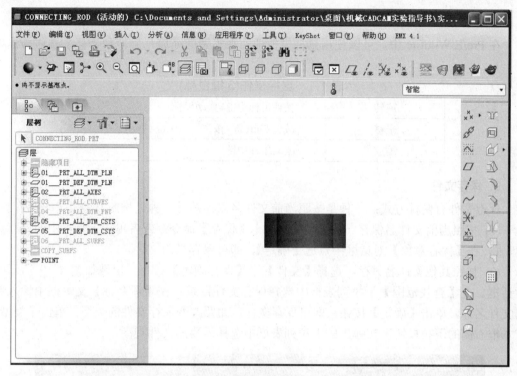

图 1-17 俯视图

图 1-18 标准视图

8. 鼠标操作

在 Pro/E Wildfire 中，可以使用鼠标方便地实现模型的缩放、旋转和平移。具体操作见表 1-1。

表 1-1　鼠标操作(3 键鼠标)

旋转	按住鼠标中键+拖动鼠标
平移	按住 Shift 键+按住鼠标中键+拖动鼠标
缩放	滚动鼠标中键

9. 保存文件

保存文件有两种方式：一种是按照当前文件名保存；另一种是按照其他文件名另存。

(1) 按照当前文件名保存。选择【文件】|【保存】命令，或者单击工具栏中的保存按钮 █，在【保存对象】对话框中点选【确定】，即可保存当前文件。

(2) 按照其他文件名另存。选择【文件】|【保存副本】命令，出现如图 1-19 所示的对话框。在【查找范围】下拉列表框中选择保存文件目录，在【新名称】文本框中输入新的文件名称，单击【确定】按钮，即可保存文件。如要改变保存文件的类型，单击【类型】文本框右侧的下拉按钮，在弹出的下拉列表框中选择需要的文件类型。

图 1-19　【保存副本】对话框

10. 拭除文件和删除文件

1) 拭除文件

Pro/E Wildfire 中打开一个文件都要占用一定的内存，如果打开文件过多，就会造成系统性能下降，因此需要将内存中不必要的文件拭除。

　　选择【文件】｜【拭除】命令，选择【当前】命令，系统显示确认对话框，单击【是】按钮，就将当前文件从内存中清除。

　　选择【不显示】命令，系统弹出未显示对话框，选择不需要显示的文件，然后单击【确定】按钮，就将选中文件从内存中清除。

　　2) 删除文件

　　选择【文件】｜【删除】｜【旧版本】命令，在消息显示区文本框中输入文件名，将删除内存和磁盘中该模型的所有旧版本文件。

　　选择【所有版本】命令，将删除内存和磁盘中该模型的所有文件。

四、实验内容

　　(1) 设置工作目录到"光驱\实验指导书随书光盘\【实验 1】\【实验内容】"所在的文件夹。

　　(2) 打开文件名为 chapter-1.prt 的零件。

　　(3) 通过操作鼠标，分别进行放大、缩小、旋转、平移操作。

　　(4) 显示或关闭基准平面、基准轴、基准坐标系操作。

　　(5) 前视图、俯视图、侧视图、标准视图的显示操作。

　　(6) 线框模式、隐藏线模式、无隐藏线模式和着色模式显示操作。

　　(7) 将当前文件另保存在 D:\目录下，并新建文件名为 cs.prt。

　　(8) 打开【实验内容】下的 chapter-2.prt 的零件，并点选【文件】｜【拭除】｜【当前】。

　　(9) 点选【窗口】｜【关闭】，关闭 chapter-1.prt 零件窗口，点选【文件】｜【拭除】｜【不显示】。

　　(10) 点选【文件】｜【退出】，关闭 Pro/E Wildfire。

五、思考题

　　1. 使用 Pro/E Wildfire 前为什么要设置工作目录？如何设置？

　　2. 拭除和删除操作有哪些区别？

　　3. 在 Pro/E Wildfire 中鼠标有哪些特殊的操作？

　　4. 在 Pro/E 中改文件名与在 Windows 系统下直接修改文件名相比有什么优点，可避免什么问题？

实验二　参数化草图的绘制

(建议 2 个学时)

一、实验目的

(1) 了解草图绘制的基本概念和环境；
(2) 掌握点、线、圆等几何图元的绘制；
(3) 掌握尺寸的标注方法；
(4) 理解几何约束的概念，并在草绘中熟练应用几何约束；
(5) 掌握几何图形的编辑操作。

二、基本知识

草图是指在 Pro/E 中使用线、圆等草绘命令绘制的形状和尺寸大致精确的具有特殊意义的几何图形。特征截面草绘广泛应用于 Pro/E 的特征创建中，贯穿整个零件建模过程，通常是零件造型的第一步。用户可以重新编辑或重新定义已经生成的特征截面的草图，更新零件造型。除了孔、倒角和倒圆角这些标准放置特征以及参数化抽壳不需要草绘外，其他造型特征都需要草绘。

1. 基本概念

图元：指截面几何的任何元素，如直线、圆弧、圆、样条线、点和坐标系等。

参照图元：指创建特征面或轨迹时所参照的图元。

约束：定义图元几何关系或图元间关系的条件。

参数：草绘中的辅助元素。

关系：关联尺寸或参数的等式。

2. 进入草绘环境

(1) 单击新建文件按钮 ，将出现如图 2-1 所示的【新建】对话框。

(2) 在对话框中选择 草绘 按钮。

(3) 在"名称"文本框中输入草图名，单击【确定】按钮即可进入草绘环境。

3. 工具栏图标简介

系统进入草绘模式后，在模型工具栏中增加了一些新图标，主要用于控制截面图形的显示模式。

：尺寸显示开关。如果当前草绘的几

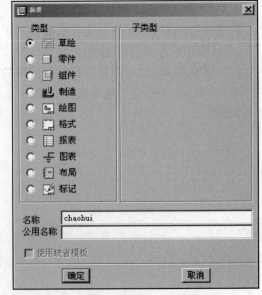

图 2-1　【新建】对话框

何图形显示尺寸，则单击此图标后，系统会关闭尺寸的显示。

**　**：约束符号显示开关。如果当前草绘的几何图形显示约束符号，则单击此图标后，系统会关闭其显示。

**　**：网格显示开关。如果当前草绘环境中显示网格线，则单击此图标后，系统会关闭其显示。

**　**：端点显示开关。如果当前草绘的几何图形中显示端点，则单击此图标后，系统会关闭其显示。

系统进入草绘模式后，在特征工具栏中也将增加一些工具图标，用于几何图形的草绘、编辑和控制。这些工具图标有：

**　**：选取草绘对象。

**　**：草绘两点直线、两图元间的切线或中心线。

**　**：草绘长方形。

**　**：草绘中心半径圆、同心圆、三点圆、三点相切圆、椭圆。

**　**：草绘三点弧、同心弧、中心半径弧、三点相切弧、锥形弧。

**　**：草绘倒圆角、倒椭圆角。

**　**：草绘样条曲线。

**　**：草绘点、坐标系。

**　**：标注尺寸。

**　**：修改草绘几何图形及其尺寸。

**　**：为草绘几何图形设置强制约束。

**　**：草绘文本。

**　**：常用草绘截面。

**　**：动态修剪、边界修剪、分割草绘几何图形。

**　**：镜像、缩放旋转草绘几何图形。

4. 绘制基本图元

任何复杂的图形都是由基本的图元组成的，如点、坐标系、直线、圆弧、样条线、圆锥等。草绘几何图形的基本原则是：先在工具栏中单击几何工具图标，再在图形显示区单击几何图形的起点或中心点，单击终点即可完成几何图形的草绘。Pro/E 对鼠标的各键赋予了快捷功能：左键用于定义几何图形的位置；中键用于结束当前几何图形的绘制；右键提供一个"弹出式"菜单，以方便用户访问其他几何命令。

1) 绘制直线

(1) 草绘两点直线：单击草绘两点直线图标 **　**，先单击起点，移动鼠标定义其方向和长度，再单击终点，如图 2-2(a)所示。如果连续绘制直线，则在连接点处不能单击两次，否则会出现多余的线段。要结束连续直线的绘制或取消当前绘制的直线，可单击鼠标中键。

(2) 草绘两图元间的切线：单击草绘两图元间的切线图标 **　**，在第一个参照图元的切点处单击鼠标，移动鼠标控制直线的走向，当鼠标靠近第二个参照图元时，系统会自动捕捉相切点，再单击鼠标确认完成直线草绘。草绘的直线与两个参照几何相切，如图 2-2(b)所示。

(3) 草绘中心线：单击草绘中心线图标▨，单击第一点确定中心线的位置，移动鼠标后，单击鼠标左键定义中心线的方向，草绘的中心线如图 2-2(c)所示。

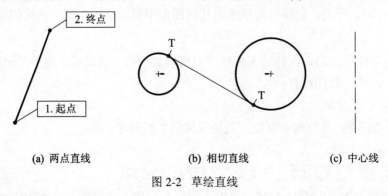

(a) 两点直线　　　　　　(b) 相切直线　　　　　　(c) 中心线

图 2-2　草绘直线

2) 绘制长方形

单击草绘长方形图标▢，先单击起点，移动鼠标定义长方形的长度和宽度，再单击长方形的对角点，如图 2-3 所示。

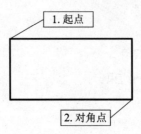

图 2-3　草绘长方形

3) 绘制圆类图元

(1) 中心半径圆：单击草绘中心半径圆图标◯，首先单击圆心位置，移动鼠标，单击圆通过的点以确定其半径，如图 2-4 所示。

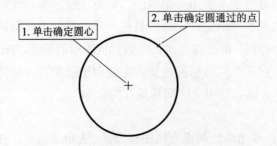

图 2-4　草绘中心半径圆

(2) 同心圆：单击草绘同心圆图标◉，先单击参照圆或圆弧，以确定同心圆的圆心，移动鼠标，再单击圆通过的点以确定其半径，如图 2-5 所示。

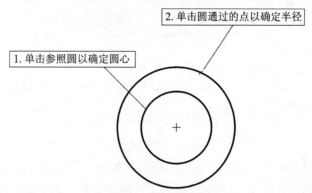

图 2-5　草绘同心圆

(3) 三点圆：单击草绘三点圆图标 ⭕，使用鼠标分别单击三个不在同一直线上的点，系统会根据单击的点确定出圆心和半径，如图 2-6 所示。

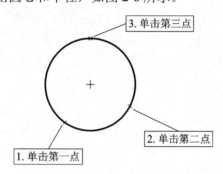

图 2-6　草绘三点圆

(4) 三点相切圆：单击草绘三点相切圆图标 ⭕，使用鼠标分别单击三个与草绘圆相切的参照几何，系统会根据单击参照几何的位置，确定出圆心和半径，草绘出三点相切圆，如图 2-7 所示。

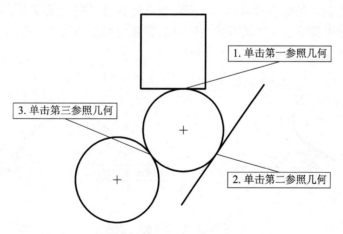

图 2-7　草绘三点相切圆

(5) 椭圆：单击草绘椭圆图标 ⬭，首先单击椭圆的几何中心，再拖动鼠标确定椭圆的长轴和短轴，确认椭圆的草绘，如图 2-8 所示。

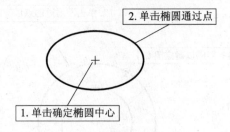

图 2-8 草绘椭圆

另外，在 Pro/E 5.0 版本中新增了画斜向椭圆的功能，单击 ⊘ 图标，点选两点确定长轴点位置；或者单击 ⊘ 图标，点选两点分别确定椭圆中心和一长轴点的位置，然后拖动鼠标可画出斜向椭圆，如图 2-9 所示。

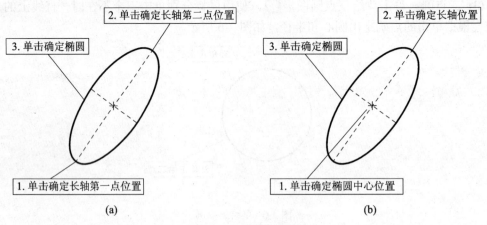

图 2-9 草绘斜向椭圆

4) 绘制弧类图元

(1) 相切/三点弧：单击草绘圆弧图标 ⌒，如果草绘的圆弧与其他草绘几何在端点处汇合，则单击起点后，草绘圆弧与草绘几何在端点处相切，拖动鼠标再单击圆弧终点，如图 2-10(a)所示；如果要草绘孤立的圆弧，则单击圆弧的起点和终点，拖动鼠标，单击圆弧通过的点以确定圆心和半径，如图 2-10(b)所示。

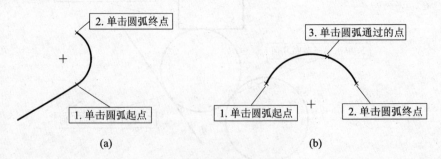

图 2-10 草绘相切/三点圆弧

(2) 同心弧：单击草绘同心圆弧图标 ⟍，首先单击参照圆或圆弧，以确定草绘同心圆弧的圆心，然后分别单击圆弧的起点和终点，如图 2-11 所示。

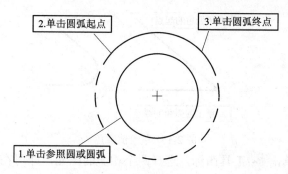

图 2-11　草绘同心圆弧

(3) 中心半径弧：单击草绘中心半径圆弧图标 ，先单击草绘圆弧中心，随着鼠标的移动，系统将显示出中心线圆以帮助确定圆弧半径，然后分别单击圆弧起点和终点，如图 2-12 所示。

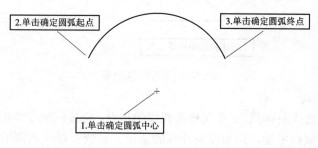

图 2-12　草绘中心点圆弧

(4) 三点相切弧：单击三点相切弧图标 ，先在第一参照几何上单击相切圆弧的起点，再单击第二参照几何以确定相切圆弧的终点，拖动鼠标至第三参照几何，系统会自动捕捉与之相切的点，单击确认三相切圆弧的草绘，如图 2-13 所示。

(5) 锥形弧：单击草绘圆锥曲线图标 ，单击锥形弧的起点和终点，再拖动鼠标，单击锥形弧通过的点以确定其几何形状，如图 2-14 所示。

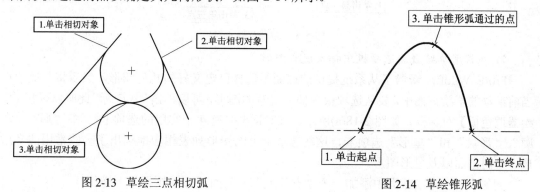

图 2-13　草绘三点相切弧　　　　　　　　　图 2-14　草绘锥形弧

5) 绘制倒角

在 Pro/E 草绘中，绘制的倒角分两种：倒圆角和倒椭圆角。

(1) 倒圆角：单击 工具按钮，选择两个相交的图元，此时在这两个相交图元间便生成一个圆角，而圆角的大小与选择图元的位置有关，如图 2-15 所示。

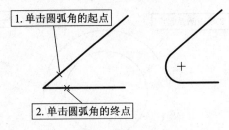

图 2-15　草绘倒圆角

(2) 倒椭圆角：单击 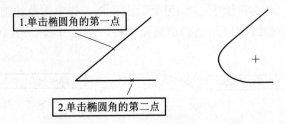 工具图标，选择两个相交的图元，即可在这两个相交图元间创建一个倒椭圆角，如图 2-16 所示。

图 2-16　草绘倒椭圆角

6) 绘制样条曲线

单击草绘样条曲线图标 ，单击样条曲线的起点，再按照顺序单击样条曲线通过的一系列点，最后单击鼠标中键，结束样条曲线的草绘，系统会以一条圆滑的曲线将这些点连接起来，如图 2-17 所示。

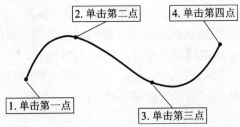

图 2-17　草绘样条曲线

7) 在常用草绘截面选项板中插入现有图形

Pro/E Wildfire 新增了从系统提供的截面中选择已定义好的几何图形，然后将其放置在当前活动的草绘截面中。要从选项板中插入现有的图形，可以单击 图标，此时将弹出【草绘器调色板】对话框，如图 2-18(a)所示。该对话框具有 4 个实用的选项卡："多边形"、"轮廓"、"形状"和"星形"选项卡，这些选项卡上的图形列表相应地列出了一些常用的多边形、型材剖面以及星形图形。

例如，要在草绘截面中添加一个"五角星"的剖面，可以执行如下操作：

(1) 单击草绘工具栏图标 ，将出现【草绘器调色板】对话框；

(2) 在对话框中单击 星形 按钮，左键双击五角形图形行，此时对话框窗口中将显示该图形，如图 2-18(b)所示；

(3) 将光标移到草绘区域中，此时光标下有个里面带"+"的小方框符号；

(4) 在草绘区域的预定位置单击左键，此时在单击处出现要添加的截面图形，如图 2-18(c)

所示；

(5) 在出现的如图 2-18(d)所示的对话框中，设置比例值和旋转值，然后单击 ✔ 按钮，就可得到需要的图形。用户可以修改该图形的相关尺寸。

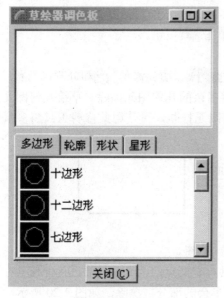

(a) 草绘器调色板

(b) 5角星形

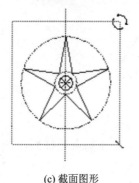

(c) 截面图形

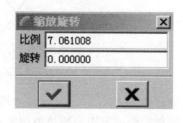

(d) "缩放旋转"对话框

图 2-18 草绘器调色板使用过程

5. 编辑修改草绘截面

在 Pro/E 中绘制好基本的二维图形后，往往需要使用相关的编辑修改命令来对现有的几何图形进行复制、缩放与旋转、修剪、删除等操作，从而获得需要的复杂图形。

1) 复制与粘贴

在 Pro/E Wildfire 中，可以在草绘模式下使用 🗐(复制)和 🗐(粘贴)按钮来创建新的图形。

(1) 在草绘区域中选择要复制的图形。

(2) 单击 🗐(复制)按钮。

(3) 单击 🗐(粘贴)按钮，并在草绘区域的指定位置单击，此时在单击处会生成一个相同的图形，并弹出如图 2-18(d)所示的对话框。

(4) 在对话框中指定比例值和旋转值，然后单击 ✔ 按钮。

2) 缩放与旋转

可以对现有的图形进行缩放与旋转操作，从而获得新的图形。其方法如下：

(1) 选择要编辑的图形。

(2) 单击 ⊘(缩放与旋转)按钮，将弹出如图 2-18(d)所示的对话框。

(3) 在对话框中指定比例值和旋转值，然后单击 ✔ 按钮。

3) 修剪

Pro/E Wildfire 中的修剪方式有三种：动态修剪、边界修剪和分割修剪。

(1) 动态修剪：单击动态修剪图标，可将多余的几何图元擦除。草绘几何图元之间只要存在交叉，系统就会自动在交叉点处将几何图元打断，可使用此修剪工具将多余的部分擦除掉，如图 2-19 所示。

动态修剪几何

图 2-19　动态修剪几何图元

(2) 边界修剪：单击边界修剪图标，将具有交叉点的两个几何通过延伸使其在交叉点处会合，修剪时，单击的几何部位被保留，而多余的部分被擦除，如图 2-20 所示。

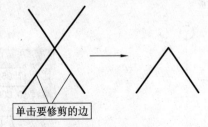

单击要修剪的边

图 2-20　边界修剪

(3) 分割修剪：单击分割修剪图标，可将几何图元在分割点处打断，使其分割成两个或多个几何单元，如图 2-21 所示。

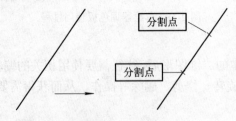

分割点

分割点

图 2-21　分割修剪

4) 删除

Pro/E Wildfire 草绘中删除几何图形的方法有三种：

(1) 选择需要删除的几何图形，按键盘上的 Delete 键。

(2) 选择需要删除的几何图形，从编辑下拉菜单中选择删除命令。

(3) 选择需要删除的几何图形，按右键选择删除命令。

5) 镜像

选取需要镜像的几何图元，再单击镜像图标，然后选择对称中心线，系统会以选取的中心线作为对称轴，完成镜像复制草绘几何，如图 2-22 所示。

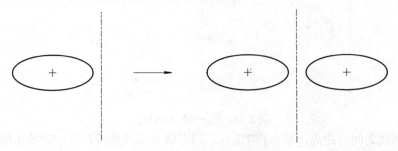

图 2-22　镜像草绘几何图元

6. 几何约束

在草绘图形时，系统为捕捉设计意图，会自动给图形增加适当的约束，并以符号表示。**Pro/E Wildfire** 提供了 9 种类型的约束。单击工具栏中的图标，系统将显示如图 2-23 所示的对话框，分别表示了草绘几何竖直($\updownarrow$)、水平($\leftrightarrow$)、相互垂直($\perp$)、相切($\mathcal{Y}$)、位于中点($\diagdown$)、共线($\odot$)、对称($\rightarrow\mid\leftarrow$)、等长($=$)、平等($/\!/$)。其操作方法如下：

图 2-23　【约束】对话框

(1) 单击工具按钮，弹出约束对话框；

(2) 在对话框中选择需要的约束命令按钮；

(3) 分别选择需要约束的几何图元；

(4) 单击【关闭】按钮。

7. 尺寸标注

在草绘几何图形完成后，系统会依据草绘参照赋予几何图形尺寸，如果尺寸标注不合理，可重新标注。标注尺寸的基本步骤是：在工具栏中单击尺寸标注图标，使用鼠标左键选取要标注的几何图元，用中键点出确定标注尺寸所放置的位置。

1) 线性尺寸标注

(1) 线段的长度：单击图标，用左键单击线段，用中键单击尺寸的放置位置，如图 2-24 所示。

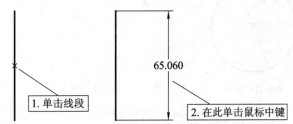

图 2-24　直线段长度的标注

(2) 两点之间的距离：单击图标，用左键分别单击两点，用中键单击确定尺寸的放置位置，系统会根据单击的尺寸放置位置来确定标注两点之间的尺寸是水平距离、垂直距离还是最短距离，如图 2-25 所示。

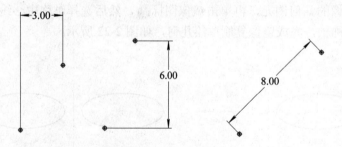

图 2-25 两点间距离的标注

(3) 点到线之间的距离：单击 ↤↦ 图标，用左键单击点和线，用中键单击确定尺寸的放置位置，如图 2-26 所示。

(4) 平行线之间的距离：单击 ↤↦ 图标，用左键分别单击两条平行线，用中键单击尺寸的放置位置，如图 2-27 所示。

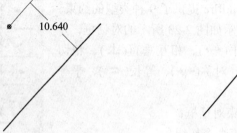

图 2-26 点到直线间距离的标注   图 2-27 平行线间距离的标注

2) 径向尺寸标注

径向尺寸包括半径尺寸和直径尺寸。直径尺寸的标注方法如下：

(1) 单击 ↤↦ 图标；

(2) 双击需要标注的圆或圆弧；

(3) 移动光标至欲放置尺寸的位置并单击鼠标中键。

如果要标注半径尺寸，则只需在第(2)步中单击圆或圆弧，如图 2-28(b)所示。

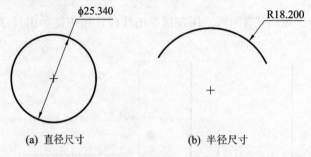

(a) 直径尺寸   (b) 半径尺寸

图 2-28 径向尺寸标注

3) 角度尺寸标注

角度尺寸的标注主要有两种：一种是指两条直线之间的夹角；另外一种是指圆弧的两个端点间的圆弧角，如图 2-29 所示。

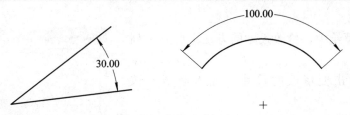

图 2-29 角度尺寸标注

两直线夹角的标注方法如下：

(1) 单击 |↔| 图标；

(2) 分别选择两条直线；

(3) 中键单击尺寸的放置位置。

圆弧两端点的圆弧角的标注方法如下：

(1) 单击 |↔| 图标；

(2) 分别选择圆弧的两端点；

(3) 选择圆弧；

(4) 中键单击尺寸的放置位置。

4) 对称尺寸标注

在旋转截面上有时需要标注对称尺寸，该对称尺寸实际上就是直径方式尺寸，如图 2-30 所示。标注方法如下：

(1) 单击 |↔| 图标；

(2) 选择要标注尺寸的图元；

(3) 选择旋转中心线；

(4) 再次选择要标注尺寸的图元；

(5) 中键单击尺寸的放置位置。

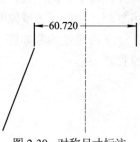

图 2-30 对称尺寸标注

5) 椭圆尺寸标注

椭圆尺寸标注的方法如下：

(1) 单击 |↔| 图标；

(2) 选择椭圆；

(3) 单击鼠标中键，将弹出如图 2-31(a)所示的对话框；

(4) 在对话框中选择 "X 半径" 选项或 "Y 半径" 选项，单击 "接受" 按钮，即可完成椭圆的一个半轴尺寸的标注，如图 2-31(b)所示。

(a) 椭圆尺寸标注对话框

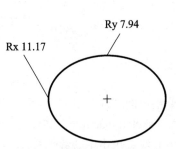

(b) 椭圆尺寸标注

图 2-31 椭圆尺寸标注

6) 尺寸修改

在 Pro/E 草绘中，修改尺寸的方法主要有下列几种：

(1) 左键双击要修改的尺寸，输入新值并按"Enter"键。

(2) 单击 图标，将弹出如图 2-32 所示的对话框，选择需要修改的尺寸，输入新值，单击 ✔ 按钮。

(3) 选择需要修改的尺寸，单击右键，在快捷方式中选择"修改"或者点选菜单"编辑"/"修改"，同样会弹出如图 2-32 所示的对话框。

图 2-32 "修改尺寸"对话框

三、操作实例

Pro/E 具有捕捉设计意图和参数化草绘的功能。在进行复杂二维图的绘制时，一般先绘制大致符合实际的草图。不要一次完成复杂草图的绘制，而应该分若干部分来逐步进行，并保持草图的整洁和简单。可在绘制的过程中，手动标注符合设计要求的尺寸并修改这些尺寸。对于在同一截面上具有相同形状的图形或者具有某种对称关系的图形，可以考虑采用复制、粘贴或者镜像的方法来绘制。

下面通过绘制如图 2-33 所示的图形，来体验在草绘器中绘制二维截面的操作过程或流程。

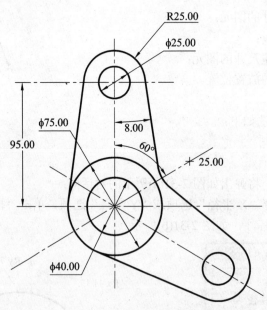

图 2-33 绘制二维图形

(1) 新建草绘截面文件。启动 Pro/E 系统后，单击工具栏中的 图标，在对话框中选取"草绘"，输入"sketch-example"文件名，单击【确定】按钮，系统进入草绘模式。

(2) 草绘中心线。单击中心线图标 ，草绘四条中心线，如图 2-34 所示。

(3) 草绘圆形几何。单击草绘圆图标 ，以中心线的交点为圆心，草绘 4 个圆，并在右侧的斜中心线上草绘第 5 个圆，如图 2-35 所示。

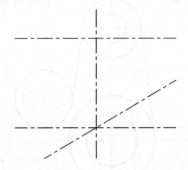

图 2-34　绘制中心线

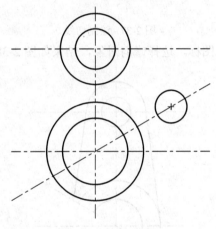

图 2-35　绘制圆

（4）手动标注尺寸：几何图形生成后，自动生成的尺寸可能不符合正常的习惯，可单击图标，分别标注直径和半径及角度值。

（5）修改尺寸：双击需要修改的尺寸，分别修改到要求的尺寸，如图 2-36 所示。

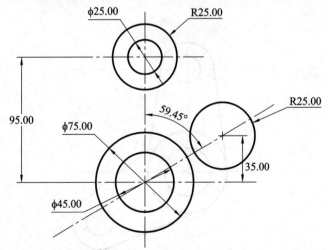

图 2-36　手动标注尺寸

（6）创建相切线：单击图标，创建如图 2-37 所示的切线。

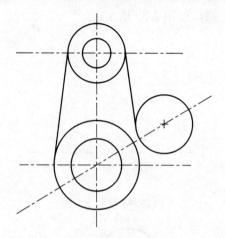

图 2-37　绘制切线

(7) 修剪图元：单击 图标，选择修剪对象，结果如图 2-38 所示。

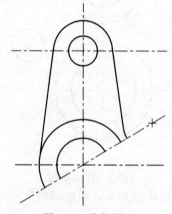

图 2-38　修剪图元

(8) 镜像图元：单击 图标，选取所有对象，使其关于斜中心线镜像几何，如图 2-39 所示。

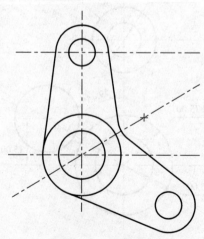

图 2-39　镜像图元

(9) 保存文件：在工具栏中单击保存文件图标 ，按下 Enter 键将文件保存，并单击工具栏中的草绘截面确认图标。

四、实验内容

(1) 绘制图 2-40 所示草绘截面。

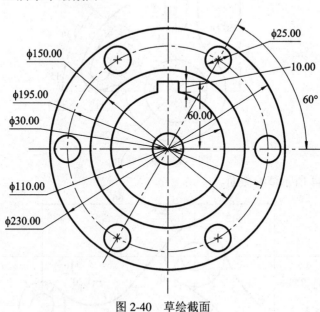

图 2-40   草绘截面

(2) 绘制图 2-41 所示草绘截面。

(3) 绘制图 2-42 所示草绘截面。

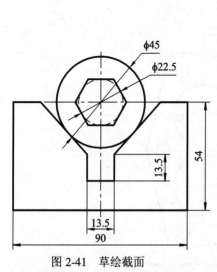

图 2-41   草绘截面

(4) 绘制图 2-43 所示草绘截面。

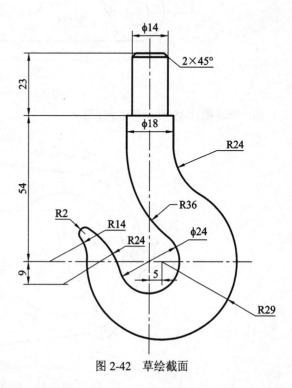

图 2-42   草绘截面

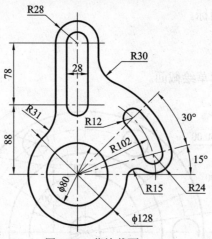

图 2-43 草绘截面

(5) 绘制图 2-44 所示草绘截面。

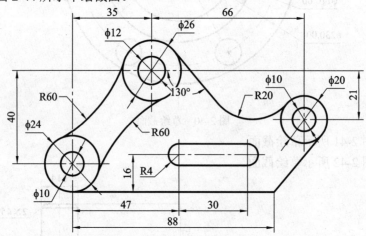

图 2-44 草绘截面

(6) 绘制图 2-45 所示草绘截面。

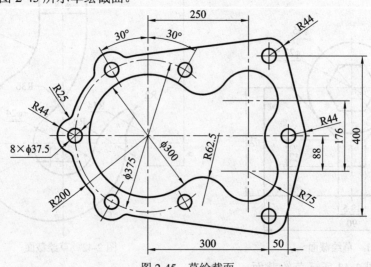

图 2-45 草绘截面

(7) 绘制图 2-46 所示草绘截面。

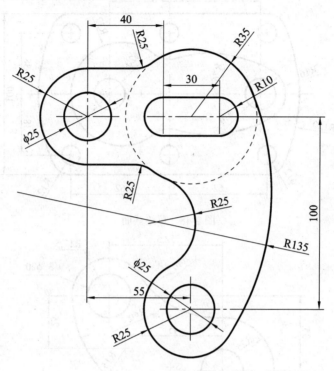

图 2-46　草绘截面

(8) 绘制图 2-47 所示草绘截面。

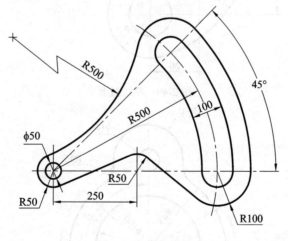

图 2-47　草绘截面

(9) 绘制图 2-48 所示草绘截面。

(10) 绘制图 2-49 所示草绘截面。

(11) 绘制图 2-50 所示草绘截面。

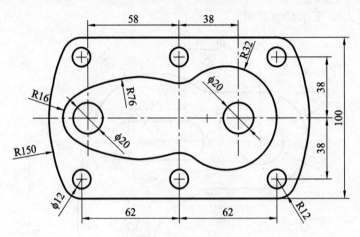

图 2-48 草绘截面

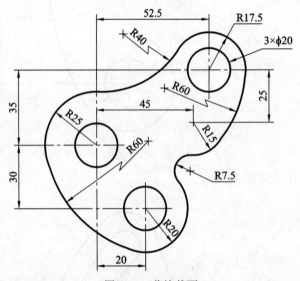

图 2-49 草绘截面

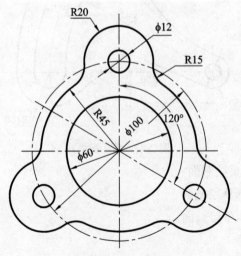

图 2-50 草绘截面

(12) 绘制图 2-51 所示草绘截面。

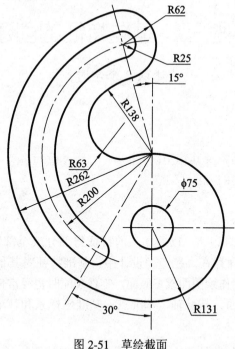

图 2-51　草绘截面

五、思考题

1. 在草绘环境中选择图元的方法共有几种？

2. 如何设置草绘环境中的小数位数？

3. 简述绘制文字的操作步骤。如何实现沿指定的曲线放置文字？

4. 如何快速地把草图中的所有图素缩放一定的比例值？

5. Pro/E 提供了哪几种几何约束类型？

6. 如何创建构造线？

实验三　基准特征的创建

(建议 2 个学时)

一、实验目的

(1) 了解基准特征的类型及其作用；
(2) 掌握基准特征创建的方法。

二、基本知识

基准特征是其他特征的基础，以后加入的特征将部分或全部依赖于基准特征之上，其他特征则依赖于基准特征而存在。在造型设计中，基准特征对其他特征的创建起辅助作用，包括创建实体或曲面时可用作绘图面或参照面，零件装配时也经常使用基准面作为参照面等。

基准特征包括基准平面、基准轴、基准点、基准坐标系和基准曲线。

1. 基准平面

基准可作为草绘特征的草绘平面和参照平面，用来放置特征；另外，基准平面也可作为尺寸标注基准、零件装配基准等。

基准平面理论上是一个无限大的平面，为了便于观察可以设置其大小。基准平面有两个方向面，系统默认为棕色边界线显示，而平面转到和最初视角相反的一面时，基准平面变为黑色边界线显示。同时，在平面的边界线上系统还为每个基准平面定义了唯一的名称：TOP、FRONT、RIGHT、DTM1、DTM2、DTM3 等。

(1) 单击菜单栏【插入】|【模型基准】|【平面】命令，或者单击特征工具栏上的图标按钮 ，将会弹出【基准平面】对话框，如图 3-1 所示。

图 3-1　【基准平面】对话框

(2) 在【放置】选项卡中，选择当前存在的轴、边、曲线、基准点、顶点、已建立或存在的平面等作为参照，在【偏距】栏中输入相应的约束数据，在【参照】栏中根据选择的参照不同，可能显示如下五种类型的约束。

【穿过】：新的基准平面通过选择的参照。

【偏移】：新的基准平面偏移选择的参照。

【平行】：新的基准平面平行偏移选择的参照。

【法向】：新的基准平面垂直选择的参照。

【相切】：新的基准平面与选择的参照相切。

(3) 若选择多个对象作为参照，就按下 Ctrl 键。

(4) 重复步骤(2)～(3)，直到必要的约束设置完毕。

(5) 单击【确定】按钮，完成基准平面的创建。

2. 基准轴

基准轴常作为创建特征、制作基准平面、同心放置的参照，也可作为旋转阵列特征创建时的参考等。基准轴与中心轴的不同在于基准轴是独立的特征，它能被重定义、压缩或删除。

在 Pro/E 模型中，基准轴由土黄色中心线表示，在中心线一头表示的 A_1、A_2 等，即为该轴线的唯一名称。

(1) 单击菜单栏【插入】|【模型基准】|【轴】命令，或者单击特征工具栏上的图标按钮 ✎，将会弹出【基准轴】对话框，如图 3-2 所示。

图 3-2　【基准轴】对话框

(2) 在绘图区至多可选择两个放置参照。可选择已有的基准轴、平面、曲面、边、顶点、曲线、基准点作为参照，选择的参照显示在【参照】栏中。

(3) 在【参照】栏中根据选择的参照不同，可能显示以下三种类型的约束。

【穿过】：新的基准轴通过指定的参照。

【法向】：新的基准轴垂直指定的参照，该类型还需要在【偏移参照】栏中进一步定义或者添加辅助的点或顶点，以完全约束基准轴。

【相切】：新的基准轴与指定的参照相切，该类型还需要添加辅助点或顶点以完全约束基准轴。

(4) 重复步骤(2)～(3)，直到必要的约束设置完毕。

(5) 单击【确定】按钮，完成基准轴的创建。

3. 基准点

基准点可以用来辅助创建其他基准特征，如在基准点上放置基准轴、基准面，还可用来放置孔等实体特征。Pro/E 提供了三种类型的基准点，如图 3-3 所示。

图 3-3　基准点的类型

1) 创建一般基准点

(1) 单击菜单栏【插入】|【模型基准】|【点】|【点】命令，或者单击特征工具栏上的图标按钮 ⁑，将会弹出【基准点】对话框，如图 3-4 所示。

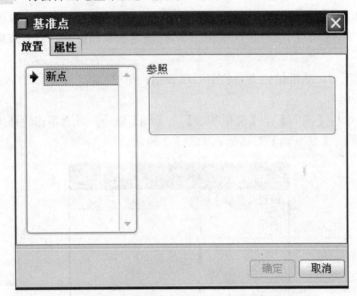

图 3-4　【基准点】对话框

(2) 选择一条边、曲线或基准轴等元素。

(3) 通过拖动基准点定位手柄手动调节基准点位置，或者设置【放置】选项卡的相应参数，定位基准点。

(4) 单击【新点】添加更多的基准点，单击【确定】按钮，完成基准点的创建。

2) 创建偏移坐标系基准点

(1) 单击菜单栏【插入】|【模型基准】|【点】|【偏移坐标系】命令，或者单击特征工具栏上的图标按钮 ⁑，将会弹出【偏移坐标系基准点】对话框，如图 3-5 所示。

(2) 在图形窗口或模型树中选择要放置的坐标系。

(3) 在【类型】下拉列表中选择要使用的坐标系类型。

(4) 单击【偏移坐标系基准点】对话框表区域中的单元框，系统自动添加一个点，可修改坐标值进行更精确的定位。

(5) 单击【确定】按钮，完成基准点的创建。

图 3-5　【偏移坐标系基准点】对话框

3) 创建域基准点

(1) 单击菜单栏【插入】|【模型基准】|【点】|【域】命令，或者单击特征工具栏上的图标按钮 ，将会弹出【域基准点】对话框，如图 3-6 所示。

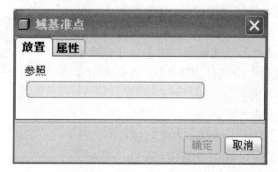

图 3-6　【域基准点】对话框

(2) 选择要放置域点的曲线、边线、曲面或一个实体，然后在合适的位置单击左键即可。

(3) 单击【确定】按钮，完成域基准点的创建。

4. 基准坐标系

基准坐标系是设计中最重要的公共基准，常用来确定特征的绝对位置。添加坐标系是创建混合实体特征、折弯特征等过程中不可缺少的基本操作。

(1) 单击菜单栏【插入】|【模型基准】|【坐标系】命令，或者单击特征工具栏上的图标按钮 ⤬，将会弹出【坐标系】对话框，如图 3-7 所示。

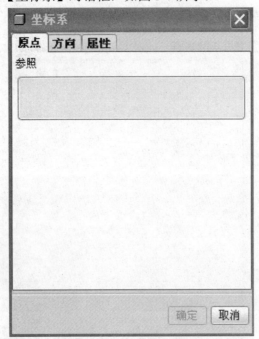

图 3-7 【坐标系】对话框

(2) 在参照栏中选择坐标系的旋转参照。

(3) 选定坐标系的偏移类型并设置偏移值。

(4) 单击【确定】按钮，完成基准坐标系的创建。

5. 基准曲线

基准曲线是三维实体造型中使用较多的一种基准特征。基准曲线常常被用来作为轨迹以及实体特征生成过程中的辅助曲线等。缺省情况下，Pro/E 用橙色显示基准曲线。

(1) 单击菜单栏【插入】|【模型基准】|【曲线】命令，或者单击特征工具栏上的图标按钮 〜，将会弹出【曲线选项】菜单，如图 3-8 所示。

(2) 选择一种曲线创建方式。

【通过点】：通过多个选中的基准点来创建基准曲线。

【自文件】：输入保存为 .ibl、IGES、SET、VDA 等格式文件的曲线。

【使用剖截面】：使用横截面边界的基准曲线(即平面横截面与零件轮廓的相交线)。

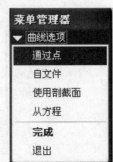

图 3-8 【曲线选项】菜单

【从方程】：输入方程式以建立新的基准曲线。

(3) 单击【确定】按钮，完成基准曲线的创建。

三、操作实例

1. 创建基准平面

(1) 设置当前工作目录。将目录设置为光驱\实验指导书随书光盘\实验 3\操作实例。

(2) 打开文件。选择【文件】|【打开】命令，或者单击工具栏中的打开按钮 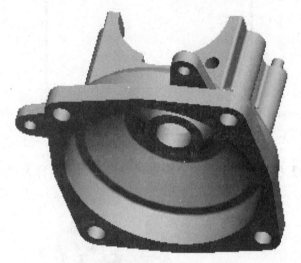，选中文件 example_1.prt，单击【打开】按钮，打开如图 3-9 所示的模型。

图 3-9   创建基准平面应用模型

(3) 通过平移平面建立基准平面。

① 单击菜单栏【插入】|【模型基准】|【平面】命令，或者单击特征工具栏上的图标按钮 □，出现【基准平面】对话框。在绘图区选择实体前表面，约束条件为【偏移】，并设置【平移】距离为 45，如图 3-10 所示。

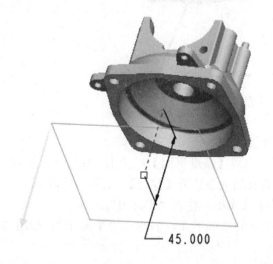

图 3-10   选择面

② 切换为【属性】选项卡，在【名称】文本框中输入"平面 A"，如图 3-11 所示。

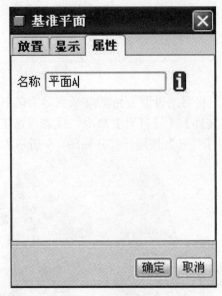

图 3-11　设置属性

③ 单击【确定】按钮，即可创建一个新的基准平面，名称为"平面 A"，如图 3-12 所示。

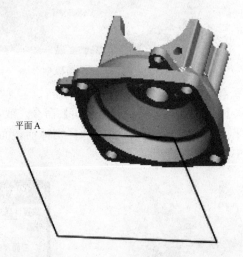

图 3-12　"平面 A"基准平面

(4) 通过两轴线建立基准平面。

① 单击工具栏按钮图标 ，显示基准轴。

② 单击特征工具栏上的图标按钮 ，出现【基准平面】对话框。在绘图区选择一根轴线，按住 Ctrl 键，再选中第二根轴线，设置约束条件为【穿过】，如图 3-13 所示。

③ 切换为【属性】选项卡，在【名称】文本框中输入"平面 B"。

④ 单击【确定】按钮，即可创建一个新的基准平面，名称为"平面 B"，如图 3-14 所示。

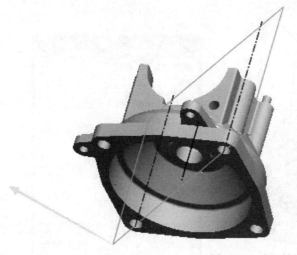
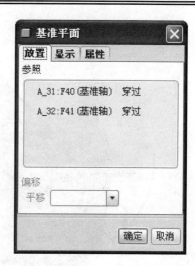

图 3-13　选择轴线

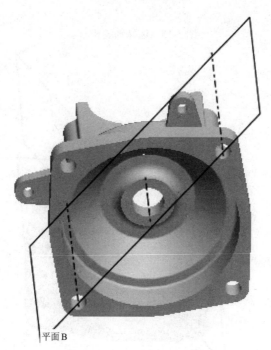

图 3-14　"平面 B"基准平面

(5) 以穿过轴线、旋转平面的方式建立基准面。

① 单击特征工具栏上的图标按钮 ▱，出现【基准平面】对话框。在绘图区选择一根轴线，设置约束条件为【穿过】；按住 Ctrl 键，再选平面 B，设置约束条件为【偏移】，输入角度 45，如图 3-15 所示。

② 切换为【属性】选项卡，在【名称】文本框中输入"平面 C"。

③ 单击【确定】按钮，即可创建一个新的基准平面，名称为"平面 C"，如图 3-16 所示。

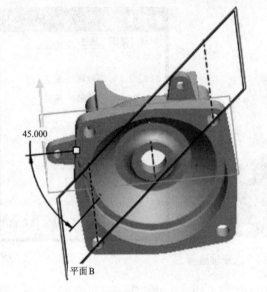

图 3-15　选择轴线和面

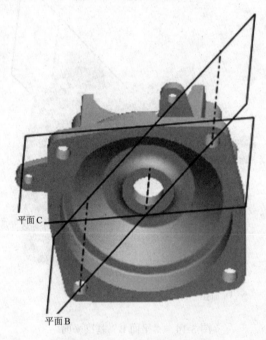

图 3-16　"平面 C"基准平面

2. 创建基准轴

(1) 设置当前工作目录。将目录设置为光驱\实验指导书随书光盘\实验 3\操作实例。

(2) 打开文件。选择【文件】|【打开】命令，或者单击工具栏中的打开按钮📂，选中文件 example_2.prt，单击【打开】按钮，打开如图 3-17 所示的模型。

(3) 建立圆弧基准轴。

① 单击特征工具栏上的图标按钮 ✏，出现【基准轴】对话框。在绘图区选择实体圆弧

面，设置约束条件为【穿过】，如图 3-18 所示。

图 3-17 创建基准轴应用模型

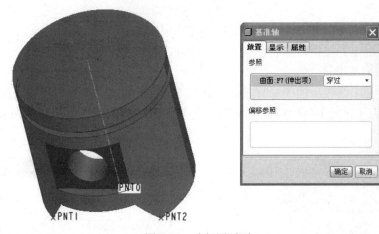

图 3-18 选择圆弧面

② 切换为【属性】选项卡，在【名称】文本框中输入"轴 1"，如图 3-19 所示。

图 3-19 设置属性

③ 单击【确定】按钮，即可创建一个新的基准轴，名称为"轴 1"。

(4) 建立两点基准轴。

① 单击特征工具栏上的图标按钮 ，出现【基准轴】对话框。在绘图区选择点 PNT1，按住 Ctrl 键，点选点 PNT2，如图 3-20 所示。

图 3-20　选择两点

② 切换为【属性】选项卡，在【名称】文本框中输入"轴 2"。

③ 单击【确定】按钮，即可创建一个新的基准轴，名称为"轴 2"。

(5) 建立法向基准轴。

① 单击特征工具栏上的图标按钮 ，出现【基准轴】对话框。在绘图区选择点 PNT0，设置约束条件为【穿过】；按住 Ctrl 键，点选平面，设置约束条件为【法向】，如图 3-21 所示。

图 3-21　选择点与平面

② 切换为【属性】选项卡，在【名称】文本框中输入"轴 3"。

③ 单击【确定】按钮，即可创建一个新的基准轴，名称为"轴 3"。

3. 创建基准点

(1) 设置当前工作目录。将目录设置为光驱\实验指导书随书光盘\实验 3\操作实例。

(2) 打开文件。选择【文件】|【打开】命令，或者单击工具栏中的打开按钮 ，选中文件 example_3.prt，单击【打开】按钮，打开如图 3-22 所示的模型。

图 3-22　创建基准点应用模型

（3）建立一般基准点。

① 单击特征工具栏上的图标按钮，出现【基准点】对话框。在绘图区选择圆弧，设置约束条件为【中心】，如图 3-23 所示。

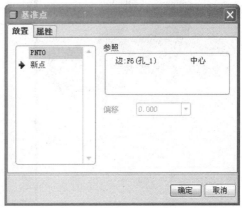

图 3-23　圆弧中心基准点

② 单击【基准点】对话框中的【新点】，在绘图区选择上一步中的圆弧，设置约束条件为【在…上】，在【偏移】中输入 0.5，如图 3-24 所示。

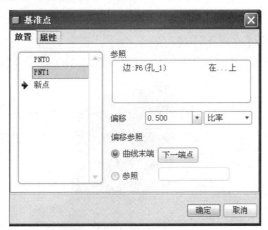

图 3-24　在圆弧上创建基准点

③ 单击【确定】按钮，即可创建一个新的基准点，名称为"PNT0"、"PNT1"。

(4) 建立偏移坐标系基准点。

① 单击特征工具栏上的图标按钮 ✕，出现【偏移坐标系基准点】对话框。在绘图区选择坐标系 PRT_CSYS_DEF。

② 在【类型】下拉列表中选择要使用的坐标系类型为"笛卡尔"。

③ 单击【偏移坐标系基准点】对话框区域的单元框，系统将自动添加一个点，然后修改坐标值，如图 3-25 所示。

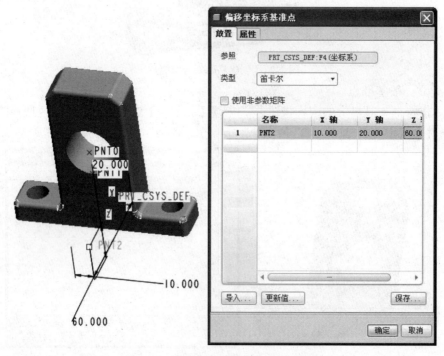

图 3-25　【偏移坐标系基准点】对话框

④ 单击【确定】按钮。

4. 创建基准坐标系

(1) 设置当前工作目录。将目录设置为光驱\实验指导书随书光盘\实验 3\操作实例。

(2) 打开文件。选择【文件】|【打开】命令，或者单击工具栏中的打开按钮 ⬀，选中文件 example_4.prt，单击【打开】按钮，打开如图 3-26 所示的模型。

图 3-26　创建基准坐标系应用模型

(3) 单击特征工具栏上的图标按钮 ，出现【坐标系】对话框。在绘图区选择一根边线，按住 Ctrl 键，点选第二根边线，如图 3-27 所示。

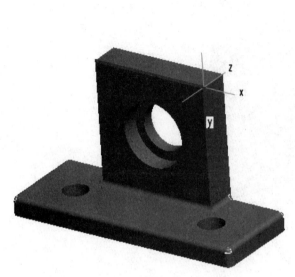

图

3-27   【坐标系】对话框

(4) 在【方向】选项卡中设置坐标系沿 x、y、z 轴的正方向。

(5) 单击【确定】按钮，完成坐标系的创建。

5. 创建基准曲线

(1) 设置当前工作目录。将目录设置为光驱\实验指导书随书光盘\实验 3\操作实例。

(2) 打开文件。选择【文件】|【打开】命令，或者单击工具栏中的打开按钮，选中文件 example_4.prt，单击【打开】按钮。

(3) 单击特征工具栏上的图标按钮，出现【曲线选项】菜单。点选【通过点】|【完成】会分别弹出【曲线：通过点】对话框和【连结类型】菜单，如图 3-28 所示。

图 3-28   【曲线：通过点】对话框和【连结类型】菜单

(4) 在【连结类型】菜单中，依次选择【样条】、【单个点】、【添加点】命令，在绘图区选择经过的点，单击【完成】命令。

(5) 单击【曲线：通过点】对话框中的【确定】按钮，即可创建一个新的基准曲线，如图 3-29 所示。

图 3-29　通过点创建基准曲线

四、实验内容

1. 创建基准平面

(1) 设置工作目录到"【实验 3】\【实验内容】"所在的文件夹。

(2) 打开文件名为 chapter_1.prt 的零件，如图 3-30 所示。

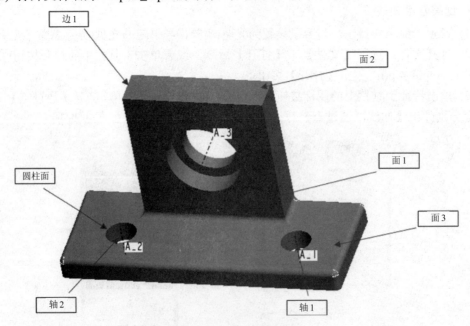

图 3-30　基准面练习图

(3) 创建基准平面 A，使其穿过边 1 并与面 2 夹角为 45°。

(4) 创建基准平面 B，使其穿过轴 1 和轴 2。

(5) 创建基准平面 C，使其平行于面 1 且偏移距离为 20。

(6) 创建基准平面 D，使其和圆柱面相切且与面 1 平行。

(7) 创建基准平面 E，使其穿过轴 1，且法向面 1。

2. 创建基准轴

(1) 设置工作目录到"【实验 3】\【实验内容】"所在的文件夹。

(2) 打开文件名为 chapter_2.prt 的零件，如图 3-31 所示。

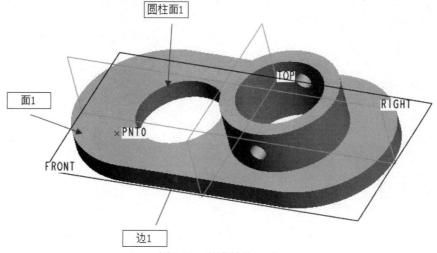

图 3-31 基准轴练习图

(3) 创建基准轴 A，使其穿过边 1。

(4) 创建基准轴 B，使 TOP 面和 RIGHT 面相交。

(5) 创建基准轴 C，为圆柱面 1 的轴线。

(6) 创建基准轴 D，通过点 PNT0 且法向于面 1。

3. 创建基准点

(1) 设置工作目录到实验 3\实验内容所在的文件夹。

(2) 打开文件名为 chapter_3.prt 的零件，如图 3-32 所示。

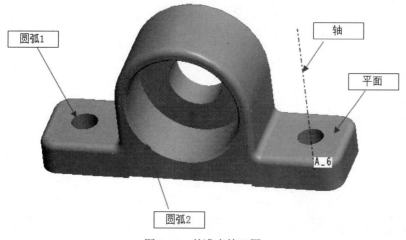

图 3-32 基准点练习图

(3) 创建基准点 1, 在圆弧 1 的中心点。

(4) 创建基准点 2, 在轴与平面的交点。

(5) 创建基准点 3, 位于圆弧 2 上。

五、思考题

1. 何谓基准特征?

2. 常用的基准特征有哪些? 它们在三维建模中有何主要作用?

3. 基准特征如何修改名称?

实验四　实体特征建模

(建议 3 个学时)

一、实验目的

(1) 了解特征建模的基础技术——参数驱动；

(2) 掌握拉伸、旋转、扫描和混合特征创建的方法；

(3) 掌握孔、倒角、圆角、筋、抽壳、拔模等构造特征的创建方法；

(4) 通过实验体会构造实体几何(CSG)及布尔运算的基本理论。

二、基本知识

Pro/E 是一个以特征为主的实体建模系统，它把零件看成是由特征组成的，零件的设计过程就是特征的构造过程。其对数据的存取也是以特征为单元进行的，所有参数的建立都是为了完成特征的创建和特征之间的相互关系，每一个特征的改变都可能改变零件的形状。

1. 基本特征的创建

基本特征一般指设计者进行零件建模时较早创建的一个实体特征，作为零件的基本结构要求，它代表零件的基本形状。零件的其他特征的创建都依赖于基本特征。基本特征可大致分为拉伸特征、旋转特征、扫描特征、混合特征和螺旋扫描特征。

1) 拉伸特征

拉伸特征是指草绘一个截面后，在指定的方向以某一深度平直拉伸截面的一类特征。单击 图标，将弹出操控板，草绘拉伸截面即可拉伸出所需要的实体。

2) 旋转特征

旋转特征是指草绘一个截面后，在指定的旋转方向上以某一旋转角度绕中心线旋转构成的一类特征。单击 图标，将弹出操控板，草绘旋转截面即可旋转出所需要的实体。

3) 扫描特征

扫描特征是将一个截面沿着给定的轨迹"掠过"而形成的。单击 图标，将弹出操控板，草绘扫描轨迹和扫描截面即可扫描出所需要的实体。

4) 混合特征

混合特征是由两个或多个草绘截面形成的一类特征。单击"插入"→"混合"→"伸出项"，即可创建混合特征。

5) 螺旋扫描特征

将一个截面沿着螺旋轨迹线进行扫描而生成的特征称为螺旋扫描特征。螺旋扫描特征的创建需要确定螺旋扫描的中心轴线、螺旋扫描轨迹、螺旋扫描的截面和螺旋扫描的起点。单击"插入"→"螺旋扫描"→"伸出项"，即可创建螺旋扫描特征。

2. 构造特征的创建

零件建模的构造特征通常是指系统提供的或用户自定义的一类模板特征，其特征几何形状是确定的，用户可通过改变其尺寸来得到不同的相似的几何特征。Pro/E 提供的构造特征主要有孔特征、倒角特征、圆角特征、筋特征、抽壳特征和拔模特征等。

1) 孔特征

Pro/E 的孔特征有以下三种。

(1) 直孔：是最简单的一类孔特征，它可以从放置的曲面延伸到指定的终止曲面或用户直接定义的孔的深度。

(2) 草绘孔：是由草绘截面定义的旋转特征。

(3) 标准孔：是具有基本形状的螺孔。

单击 图标，将弹出孔特征操控板，选择孔的类型，定义孔的放置(放置的主参照面、孔的放置方向、放置类型)、孔的大小、孔的深度类型及深度尺寸，就可完成孔特征的创建。

孔的放置类型有四项，分别介绍如下。

(1) 线性：参照两边或两平面放置孔(标注两线性尺寸)。如果选择此放置类型，则接下来必须选择参照边并输入距参照边的距离。

(2) 径向：使用线性和角度尺寸放置孔。如果选取圆柱体或圆锥体曲面作为主参照，则可使用此命令。如果选择此放置类型，则接下来必须选择轴向参照及角度参照的平面。

(3) 直径：通过绕直径参照旋转孔来放置孔。此放置类型除了使用线性和角度尺寸之外，还将使用轴。如果选取平面实体曲面或基准平面作为主放置参照，则可使用此命令。如果选择此放置类型，则接下来必须选择参照轴及角度参照的平面。

(4) 同轴：将孔放置在轴与曲面的交点处，孔的轴线和参照轴线重合。如果选择此放置类型，则接下来必须选择参照的中心轴。

2) 倒角特征

单击 图标，将弹出倒角特征操控板，选择倒角的边线、倒角的类型，输入倒角尺寸后，即可完成倒角特征的创建。

3) 圆角特征

单击 图标，将弹出圆角特征操控板，选择圆角的放置参照(边链、曲面-曲面、边-曲面)，定义圆角尺寸后，即可完成圆角特征的创建。

4) 筋特征

单击 图标，将弹出筋特征操控板，绘制筋的草图，输入筋的厚度尺寸后，即可完成筋特征的创建。

5) 抽壳特征

单击 图标，将弹出抽壳特征操控板，选择要去除的实体表面，输入薄壳厚度值后，即可完成抽壳特征的创建。

6) 拔模特征

单击 图标，将弹出拔模特征操控板，选择拔模曲面、枢轴平面或枢轴曲线并确定拔模方向和拔模角度值后，即可完成拔模特征的创建。

3. 特征编辑

在三维建模的过程中，如果模型较复杂，则经常需要用户对模型进行大量的编辑和修改。Pro/E 提供的特征操作工具有修改、编辑、镜像、阵列等。

1) 修改尺寸

在参数化零件设计中，修改尺寸是常用的手段，主要有两种方法：

(1) 在用户要修改尺寸的特征上双击鼠标左键，系统将会在工作区内显示特征的所有尺寸，选择要更改的尺寸，进行修改。

(2) 在模型树中右键单击要修改尺寸的特征，在快捷菜单中单击"编辑"命令，系统会在工作区内显示特征的所有尺寸，选择要更改的尺寸，进行修改。

2) 编辑定义

编辑定义不但可以改变特征的尺寸，还可以改变特征的参数，是设计改变功能最强大的一种。在模型树中右键单击欲编辑定义的特征，系统将弹出快捷菜单，选择"编辑定义"，系统将根据所选特征的不同来显示不同的内容。

3) 镜像特征

在模型树或工作区中单击要镜像的特征，然后单击 〕〔 按钮，并选择镜像平面，就可得到关于镜像面对称的特征。

4) 阵列特征

阵列是指依据原始对象按照指定方式快速产生一系列相同或类似的对象。Pro/E 提供了多种类型的阵列特征，包括尺寸阵列、方向阵列、轴阵列、表阵列、参考阵列和填充阵列。选择要阵列的特征，单击 ▦ 工具按钮，选择不同的方式并输入参数，即可得到阵列特征。

三、操作实例

下面通过两个操作实例介绍利用特征进行零件设计的方法和步骤。

1. 创建减速器上的一个螺母零件模型

用拉伸、旋转和螺旋扫描特征可产生一个如图 4-1 所示的螺母模型。下面具体讲解模型的创建步骤。

图 4-1　螺母零件模型

(1) 建立新零件文件。

① 选择【文件】→【新建】，或单击 ▯ 按钮；

② 取消【使用缺省模板】选项；

③ 选择【零件】，输入文件名 luomu，然后单击【确定】按钮；

④ 在【新文件选项】对话框中选择 mmns_part_solid，单击【确定】按钮。

(2) 创建一个基本拉伸特征。

① 单击 ⬠ 图标，将弹出如图 4-2 所示的拉伸特征操控板。

图 4-2　拉伸特征操控板

② 在拉伸特征操控板中选择 □ 按钮，用以生成实体，单击 ⬚ 放置按钮，将出现如图 4-3 所示的对话框。单击【定义】按钮，将弹出如图 4-4 所示的【草绘】对话框。

图 4-3　【草绘】对话框 1　　　　　　图 4-4　【草绘】对话框 2

③ 在绘图区选择 TOP 面作为草绘平面，单击【草绘】按钮，进入草绘模式。

④ 在如图 4-5 所示的【参照】对话框中，系统自动生成了 F1、F3 两个参照。单击【关闭】按钮关闭【参照】对话框。

图 4-5　【参照】对话框

⑤ 单击 ◔ 图标，在出现的【草绘器调色板】对话框中选择【多边形】，双击【六边形】，将圆心放置在 RIGHT 和 FRONT 的交点，并修改边长尺寸为 24，如图 4-6 所示。单击 ✔ 按钮完成拉伸草绘。

⑥ 在操控面板中选择拉伸模式 ⬚，在文本框中输入拉伸长度 14.8，单击 ✔ 按钮完成拉伸特征的创建，如图 4-7 所示。

(3) 在基本特征上创建孔特征。

① 创建基准轴。单击 ╱ 图标，将弹出【基准轴】对话框，如图 4-8 所示。选择 FRONT 和 RIGHT 面，生成基准轴线 A_1。

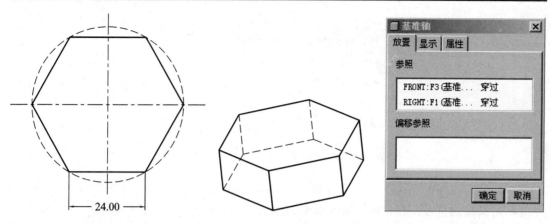

图 4-6　草绘图形　　　　图 4-7　完成拉伸特征的创建　　　图 4-8　【基准轴】对话框

② 单击 <U+2335> 图标，将弹出如图 4-9 所示的孔特征操控板。

图 4-9　孔特征操控板

③ 选择孔的类型，系统默认的孔的类型为直孔。

④ 定义孔的放置。

● 定义孔放置的主参照面。选取如图 4-10 所示的上表面，再按住 Ctrl 键选择上一步创建的基准轴线 A_1，以同轴方式放置孔。

● 定义孔放置的方向。单击如图 4-9 所示的孔特征操控板中的【放置】按钮，将弹出如图 4-11 所示的参照对话框。单击【反向】按钮，可定义孔的放置方向，这里采用同轴。

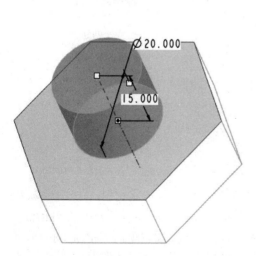

图 4-10　孔放置的主参照面

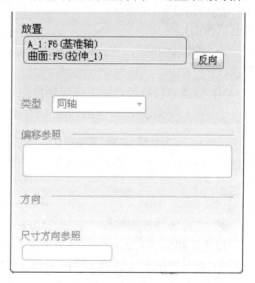

图 4-11　定义孔的放置方向

● 定义次参照。选择创建的基准轴 A_1，如图 4-12 所示。

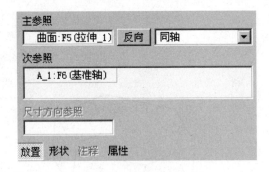

图 4-12　定义次参照对话框

- 定义孔的直径。在孔特征操控板中的"直径"文本框中输入直径值 20。
- 定义孔的深度类型和深度尺寸，如图 4-13 所示。

图 4-13　孔特征操控板

孔的深度类型共有 6 种，分别介绍如下。

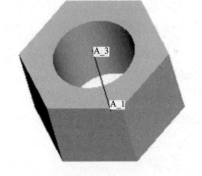

　　(盲孔)：在草绘平面的一侧将截面拉伸指定的距离。

　　(对称)：在草绘平面的两侧各将截面拉伸指定距离的一半。

　　(到下一个)：将截面拉伸到下一曲面。

　　(穿透)：拉伸截面穿透所有对象。

　　(穿至)：拉伸截面至与选定的曲面相交。

　　(到选定项)：将截面拉伸至选定对象(点、线、平面或曲面)。

⑤ 单击 ✔ 按钮，完成特征的创建，如图 4-14 所示。

图 4-14　孔特征创建完成图

(4) 创建旋转特征，完成螺母倒角。

① 单击 ◈ 图标，将弹出如图 4-15 所示的旋转特征操控板。

图 4-15　旋转特征操控板

② 在旋转特征操控板中选择 □ 按钮，然后单击 ⟋ 图标，以去除材料。单击 ◈ 位置 按钮，将出现相应的对话框，单击"定义"按钮，将弹出如图 4-3 所示的"草绘"对话框。

③ 在对话框中选取 FRONT 为绘图平面，将自动生成参照面，单击"草绘"按钮。

④ 在草绘环境中单击 ＼ 图标，创建旋转直线，单击 ⊡ 图标，在对话框中选取 ◈ 图标，分别点选线的两点和边对齐，并修改尺寸为 3.5 和 45°，如图 4-16 所示。

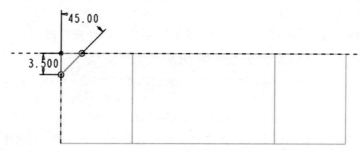

图 4-16　草绘旋转截面

⑤ 单击 ✔ 按钮，完成特征剖面的绘制。

⑥ 在绘图区域中选取 A_1 轴，在角度文本框中输入 360°，则旋转操控板如图 4-17 所示。

图 4-17　旋转操控板

⑦ 在操控板中单击☑ 👓 按钮，可预览特征。如不符合要求，可单击 ▶ 按钮重新修改特征参数。

⑧ 如去除材料方向不对，可单击 ⊁ 图标进行修改。单击 ✔ 按钮即可完成旋转特征的创建，如图 4-18 所示。

(5) 镜像螺母倒角旋转特征。

① 在绘图区或特征模型树中选取旋转特征，单击工具栏中的 〗〖 按钮，将弹出如图 4-19 所示的镜像特征操控板。

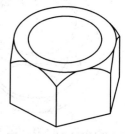

图 4-18　创建旋转特征

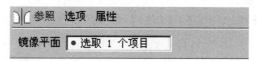

图 4-19　镜像特征操控板

② 选取镜像参照面 TOP。

③ 单击 ✔ 按钮，完成镜像特征的创建，如图 4-20 所示。

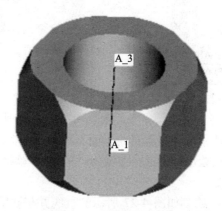

图 4-20　镜像特征图

(6) 倒角。

① 单击工具栏中的  按钮，将弹出如图 4-21 所示的倒角操控板。

图 4-21　倒角操控板

② 用鼠标左键选取孔的上边线，按住 Ctrl 键再选取孔的下边线，在文本框中输入倒角值 1，如图 4-22 所示。

③ 单击 ✔ 按钮，完成倒角特征的创建，如图 4-23 所示。

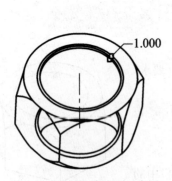

图 4-22　孔倒角边选取示意图

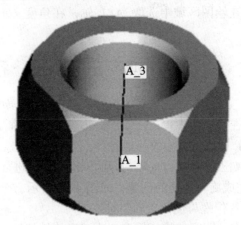

图 4-23　孔倒角完成图

(7) 创建螺旋扫描特征。

① 选择【插入】|【螺旋扫描】|【切口】命令，系统将弹出如图 4-24 所示的【切剪：螺旋扫描】对话框和如图 4-25 所示的【菜单管理器】。

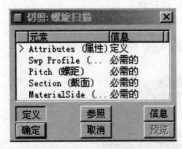

图 4-24　【切剪：螺旋扫描】对话框

图 4-25　菜单管理器

② 在菜单管理器中选择"常数"、"穿过轴"和"右手定则"命令，再单击"完成"命令，系统将弹出如图 4-26 所示的【设置草绘平面】菜单管理器。

③ 选择 FRONT 面为草绘平面，选择方向为"正向"，草绘视图为"右"，选择 TOP 面为参考平面，进入草绘模式。

④ 绘制螺旋扫描轨迹。绘制如图 4-27 所示的直线并与孔的内边对齐，单击 ✔ 按钮，即可完成螺旋扫描轨迹的绘制。

图 4-26 【设置草绘平面】菜单管理器

图 4-27 螺旋扫描轨迹

⑤ 在状态栏将出现如图 4-28 所示的文本输入框，要求输入螺纹的节距，输入 1.5，单击 ✔ 按钮，即可完成节距的输入。

⇨ 输入节距值 1.5000 ✔ ✗

图 4-28 设置节距

⑥ 草绘螺旋扫描截面。在草绘模式下绘制如图 4-29 所示的草图，单击 ✔ 按钮，即可完成螺旋扫描截面的绘制。

⑦ 我们已经定义了螺旋扫描的所有元素，单击【切剪：螺旋扫描】对话框中的【确定】按钮，即可完成螺旋扫描特征的创建，如图 4-30 所示。

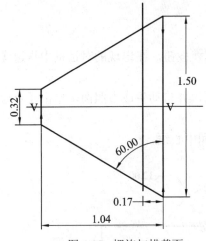

图 4-29 螺旋扫描截面

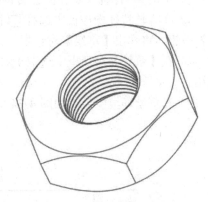

图 4-30 完成螺纹扫描特征的创建

至此，便完成了螺母零件模型的创建。

2. 创建油盖零件模型

需要创建的油盖零件模型如图 4-31 所示。

(1) 建立新零件文件。

① 选择【文件】|【新建】，或单击 □ 按钮。

② 选择【零件】，输入文件名 yougai，取消【使用缺省模板】选项，然后单击【确定】按钮。

③ 在【新文件选项】对话框中选择 mmns_part_solid，

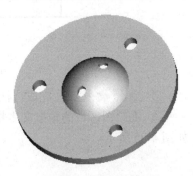

图 4-31 油盖零件模型

单击"确定"按钮。

(2) 创建一个基本拉伸特征。

① 单击 图标，将弹出拉伸特征操控板。

② 在拉伸特征操控板中选择 按钮，以生成实体。单击 放置按钮后点选【定义】，将弹出【草绘】对话框。

③ 在绘图区选择 TOP 面作为草绘平面，单击"草绘"按钮，进入草绘模式。

④ 绘制圆并将圆心放置在 RIGHT 和 FRONT 的交点，修改直径尺寸为 36，如图 4-32 所示。然后单击 按钮，完成拉伸草绘。

⑤ 在操控板中选择拉伸模式 ，在文本框中输入拉伸长度 5，单击 按钮，即可完成拉伸特征的创建，如图 4-33 所示。

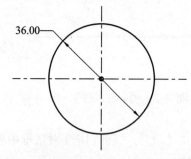

图 4-32　草绘拉伸截面

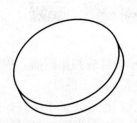

图 4-33　创建的拉伸特征

(3) 创建旋转特征。

① 单击 图标，将弹出旋转特征操控板。

② 在旋转特征操控板中选择 按钮，单击 位置按钮，在出现的对话框中点选【定义】按钮，将弹出【草绘】对话框。

③ 在【草绘】对话框中选取 FRONT 为绘图平面，并自动生成参照面，单击【草绘】按钮。

④ 在草绘环境中绘制如图 4-34 所示的旋转截面和中心线。

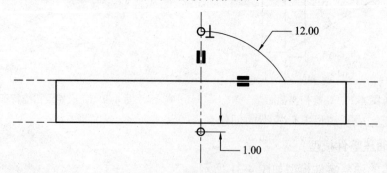

图 4-34　草绘旋转截面和中心线

⑤ 单击 按钮，完成特征剖面的绘制。

⑥ 在绘图区域的角度文本框中输入 360°，单击 按钮，即可完成旋转特征的创建，如图 4-35 所示。

图 4-35 完成的旋转特征

(4) 创建抽壳特征。

① 单击工具栏中的 ▣ 按钮，将弹出如图 4-36 所示的抽壳操控板。

图 4-36 抽壳操控板

② 选择【参照】选项，单击"移除的曲面"选项框中的"选择项目"，选取拉伸特征的底面和四周环面，并在厚度文本框中输入 2。

③ 单击 ✔ 按钮，即可完成抽壳特征的创建，如图 4-37 所示。

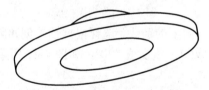

图 4-37 完成的抽壳零件模型

(5) 创建φ3 孔特征。

① 单击 ▣ 图标，将弹出孔特征操控板。

② 选择孔的类型，系统默认的孔的类型为直孔。

③ 定义孔的放置。

● 定义孔放置的主参照面。选取 TOP 面作为主参照面，这时系统将以当前的默认值生成孔的轮廓。

● 定义孔放置的方向。单击孔特征操控板中的"放置"按钮，将弹出参照对话框，单击"反向"按钮可定义孔的放置方向，选取"径向"。

● 定义次参照：选择 FRONT 面和基准轴 A_5，在文本框中输入 0 和 12.5，如图 4-38 所示。

● 定义孔的直径：在孔特征操控板中的"直径"文本框中输入直径值 3。

● 定义孔的深度类型为"穿透"。

● 单击 ✔ 按钮，即可完成孔特征的创建。

(6) 创建φ2.5 孔特征。

类似于φ3 孔的创建，将直径变为 2.5，沿轴半径值由 12.5 变为 3.75，即可完成φ2.5 孔特征的创建，如图 4-39 所示。

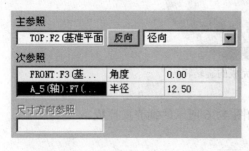

图 4-38　定义孔的放置方向和次参照对话框

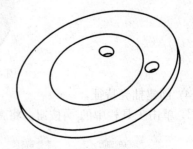

图 4-39　完成的φ2.5 和φ3 孔特征

(7) 镜像φ2.5 孔特征。

① 在绘图区或特征模型树中选取φ2.5 孔特征，单击工具栏中的 按钮。

② 选取镜像参照面 RIGHT。

③ 单击 ✔ 按钮，即可完成镜像特征的创建。

(8) 阵列φ3 孔特征。

① 选择φ3 孔特征，单击工具栏中的 按钮，将弹出如图 4-40 所示的阵列操控板。

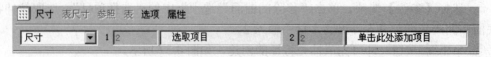

图 4-40　阵列操控板

② 单击 尺寸 右侧向下的箭头，选择根据轴来创建阵列，在绘图区选择 A_1 轴。

③ 在文本框中输入阵列数 3，角度值 120°，如图 4-41 所示。

图 4-41　定义好参数的阵列操控板

④ 单击 ✔ 按钮，即可完成阵列特征的创建。整个模型如图 4-42 所示。

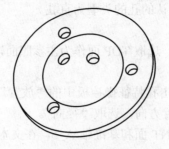

图 4-42　模型图

四、实验内容

(1) 根据图 4-43 建立三维模型。

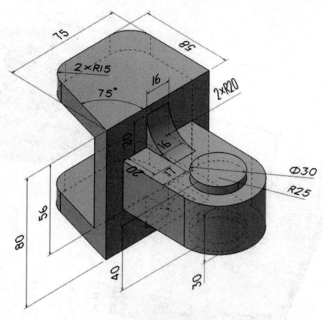

图 4-43　实体建模练习一

(2) 根据图 4-44 建立三维模型。

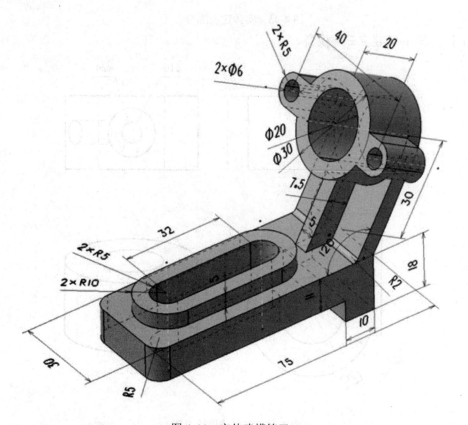

图 4-44　实体建模练习二

(3) 根据图 4-45 建立三维模型。

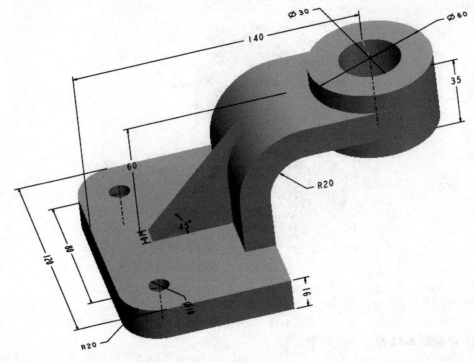

图 4-45 实体建模练习三

(4) 根据图 4-46 建立三维模型。

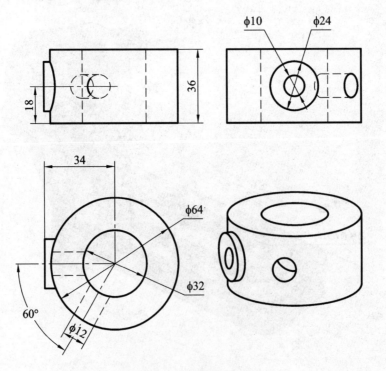

图 4-46 实体建模练习四

(5) 根据图 4-47 建立三维模型。

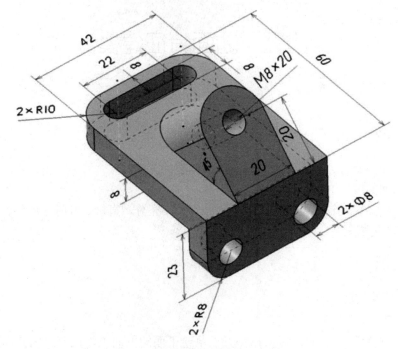

图 4-47　实体建模练习五

五、思考题

1. 创建旋转特征时，旋转截面与旋转中心轴的定义有哪些限制？
2. Pro/E 提供了几种孔特征？哪种孔特征需要草绘截面？
3. 何谓草绘平面和参考面？二者有何要求？
4. 拉伸特征生成时深度的定义形式共有哪几种？各表示什么含义？

实验五　曲面特征建模

(建议 2 个学时)

一、实验目的

　　(1) 掌握拉伸、旋转、扫描和平面曲面特征创建的方法；
　　(2) 掌握曲面的编辑方法；
　　(3) 掌握现代计算机辅助设计中，借助计算机工具充分、直接、及时、形象、不受拘束地表达设计意图的方法。

二、基本知识

1. 曲面特征的创建

1) 拉伸曲面

　　拉伸曲面是指草绘一个截面后，在垂直于草绘平面的方向上将已草绘的截面拉伸到指定深度。在图形区域的右侧工具栏上单击 图标，将弹出拉伸操控板，如图 5-1 所示。在操控板上单击 图标，可选择一个以前绘制的截面。如果要自己定义一个草绘截面，则需在操控板上单击"放置"，在定义好截面和拉伸深度后，即可拉伸出所需的曲面特征。

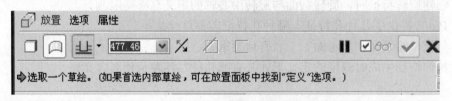

图 5-1　拉伸曲面操控板

2) 旋转曲面

　　旋转曲面是指草绘一个截面后，沿指定的旋转方向以某一旋转角度绕中心线旋转构成的一类特征。在图形区域的右侧工具栏上单击 图标，将弹出旋转操控板，如图 5-2 所示。在操控板上单击 图标，可选择一个以前绘制的截面。如果要自己定义一个草绘截面，则需在操控板上单击"放置"，在定义好截面和旋转角度后，即可旋转出所需的曲面特征。

图 5-2　旋转曲面操控板

3) 扫描曲面

扫描曲面是将一个截面沿着给定的轨迹"掠过"而形成的一类特征。在图形区域的右侧工具栏上单击 图标，将弹出扫描操控板，如图5-3所示。在操控板上单击 图标，可选择一个以前绘制的截面。如果要自己定义一个草绘截面，则需在操控板上单击"放置"，在设置好轨迹和绘制扫描截面后，即可扫描出所需的曲面特征。

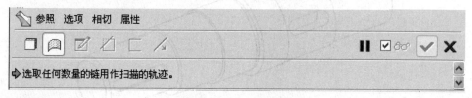

图5-3 扫描曲面操控板

4) 平面曲面

平面曲面是指由平整的闭环边界截面(即在某一个平面内的封闭截面)生成的平整曲面。单击"编辑"→"填充"命令，系统将在工作区的下方显示填充选项。

2. 曲面特征的编辑

曲面特征的编辑工作主要包括曲面合并、曲面修剪、曲面延伸、曲面偏移及曲面加厚等。

1) 曲面合并

曲面合并是通过曲面间的操作，将不同的曲面合成为一张曲面，相当于用曲面进行互相裁切，使之保留合适的曲面。点击 图标，可选择要合并的面并改变保留曲面的侧边。

2) 曲面修剪

曲面修剪就是通过新生成的曲面或利用曲线、基准平面等来切割已存在的曲面。常用的曲面修剪方法有四种，分别是用特征中的切除方法裁剪曲面、用曲面裁剪曲面、用曲面上的曲线裁剪曲面、用轮廓线裁剪曲面。操作方法：点击 图标，选择剪切的线或面等，即可完成曲面修剪。

3) 曲面延伸

在保证连续的情况下，可以对曲面做一定的延伸。延伸曲面的方法包括四种：同一曲面类型的延伸、延伸曲面到指定的平面、与原曲面相切延伸、与原曲面逼近延伸。操作方法：选中要延伸曲面的边，左键单击【编辑】|【延伸】，选择延伸方式，输入延伸值并改变延伸方向。

4) 曲面偏移

曲面在编辑修改的过程中，采用与原曲面偏置的方式来生成新的曲面，曲面可以按照法向偏移，还可以对局部曲面做偏移。操作方法：选中要偏移的曲面，左键单击【编辑】|【偏移】，选择偏移方式，输入偏移值并改变偏移方向。

5) 曲面加厚

曲面加厚就是产生薄壁实体。操作方法：选中要加厚的曲面，左键单击【编辑】|【加厚】，输入厚度值，可改变加厚的方向。

三、操作实例

用曲面特征创建如图 5-4(a)所示的减速器上齿轮轴零件模型。

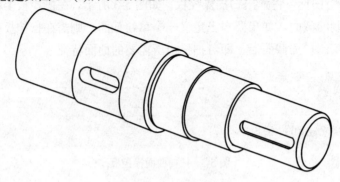

(a) 齿轮轴零件模型

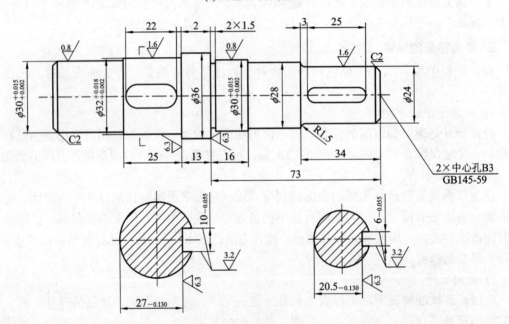

(b) 齿轮轴的二维工程图

图 5-4　齿轮轴

下面具体讲解模型的创建步骤。

1. 建立新零件文件

(1) 选择【文件】|【新建】，或单击 按钮。

(2) 选择【零件】，输入文件名 chilunzhou，取消【使用缺省模板】选项，然后单击【确定】按钮。

(3) 在【新文件选项】对话框中选择 mmns_part_solid，单击【确定】按钮。

2. 创建一个旋转曲面特征

(1) 单击 图标，将弹出如图 5-5 所示的旋转特征操控板。

图 5-5　旋转特征操控板

(2) 在旋转特征操控板中选择 □ 按钮，单击 ◇ 位置 按钮，在出现的对话框中点选【定义】，将弹出如图 4-4 所示的【草绘】对话框。

(3) 在【草绘】对话框中选取 FRONT 为绘图平面，将自动生成参照面，单击【草绘】按钮。

(4) 在草绘环境中单击 ＼ 图标，绘制的旋转截面如图 5-6 所示。单击 ✔ 按钮，即可完成特征剖面的绘制。

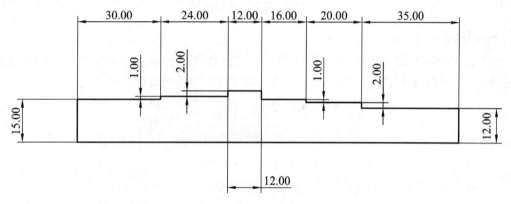

图 5-6　草绘旋转截面

(5) 单击旋转特征操控板上的 ✔ 按钮，完成旋转特征的创建，如图 5-7 所示。

图 5-7　完成的旋转曲面

3. 创建基准面

(1) 单击 ▱ 图标，在对话框中选择参照面为 FRONT，偏移距离为 8，生成 DTM1。

(2) 单击 ▱ 图标，在对话框中选择参照面为 FRONT，偏移距离为 11，生成 DTM2，如图 5-8 所示。

4. 创建键的拉伸曲面

(1) 单击 ⬚ 图标，将弹出拉伸特征操控板，选择 □ 按钮。

(2) 以 DTM1 为绘图平面，草绘键的拉伸截面。

(3) 在选项中点选封闭端，输入拉伸长度 10，创建封闭的拉伸曲面。

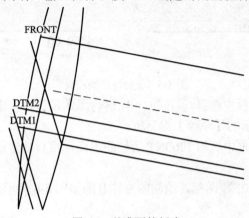

图 5-8　基准面的创建

5. 两曲面合并

(1) 选择旋转曲面和键的拉伸曲面，单击工具栏上的 图标，在弹出的如图 5-9 所示的操控板中单击 和 图标，分别改变两曲面以保留不同的侧边位置。

图 5-9　合并工具操控板

(2) 单击操控板上的 ✔ 按钮，完成合并特征的创建。

6. 创建另一侧键槽的特征

按照同样的方法完成另一侧键槽的特征，如图 5-10 所示。

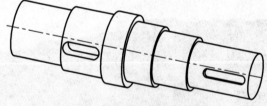

图 5-10　键槽特征创建

7. 实体化曲面

(1) 选中所有曲面，选择【编辑】，然后单击【实体化】按钮。

(2) 单击操控板上的 ✔ 按钮，即可将曲面转化为实体。

8. 创建倒角特征

单击 按钮，选择倒角的边，输入倒角值，单击操控板上的 ✔ 按钮，即可完成倒角的创建。

四、实验内容

(1) 试用曲面的方式创建图 5-11 所示的三维造型。

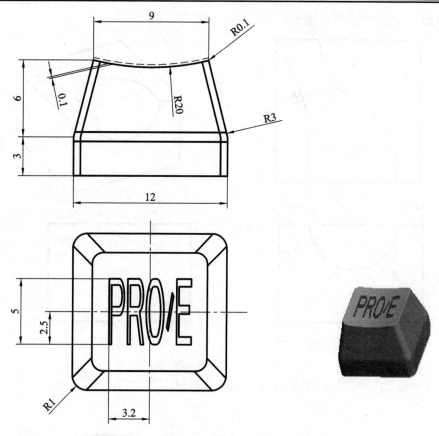

图 5-11　曲面练习图一

(2) 试用曲面的方式创建图 5-12 所示的三维造型。

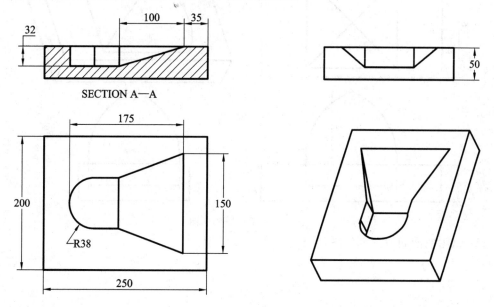

SECTION A—A

图 5-12　曲面练习图二

(3) 试用曲面的方式创建图 5-13 所示的三维造型。

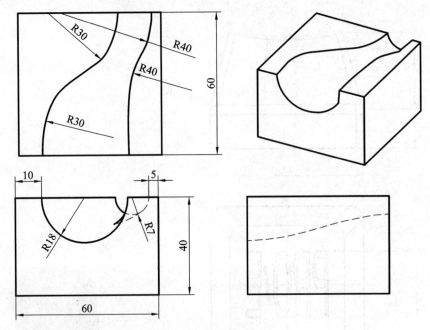

图 5-13　曲面练习图三

(4) 试用曲面的方式创建图 5-14 所示的三维造型。

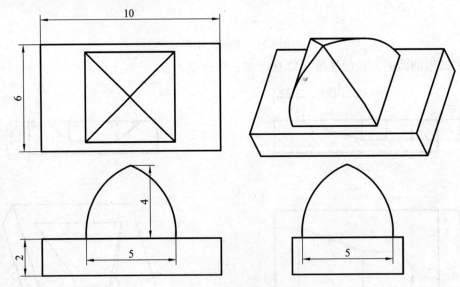

图 5-14　曲面练习图四

(5) 试用曲面的方式创建图 5-15 所示的三维造型。

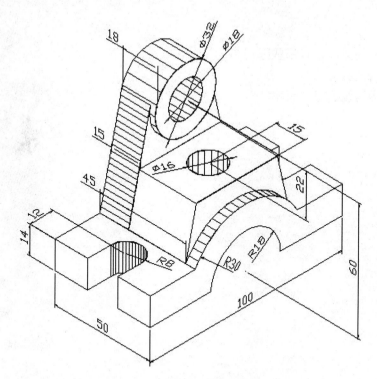

图 5-15　曲面练习图五

(6) 试用曲面的方式创建图 5-16 所示的三维造型。

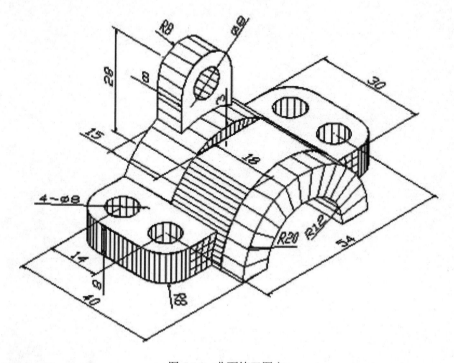

图 5-16　曲面练习图六

五、思考题

1. 建立曲面和建立实体有哪些区别?
2. 曲面有几种选择方式?
3. 曲面的修改与编辑方式有哪些?

实验六 装配体的创建

(建议 2 个学时)

一、实验目的

(1) 了解零件装配的基本概念；
(2) 掌握零件装配的约束类型；
(3) 掌握零件装配的一般流程。

二、基本知识

1. 装配创建的步骤

零件设计完成后，可根据设计要求装配零件。零件装配形成组件的建立过程，就是通过 Pro/E 指定零件间约束的过程。装配后，可根据需要生成工程图或爆炸图，以便指导装配生产。

(1) 单击 或选择【插入】|【元件】|【装配】，从【文件打开】对话框中选取需要装配的元件。此时，【元件放置】对话框打开，同时元件出现在组件窗口中。

(2) 元件装配到组件中时，缺省设置是"自动"约束方式。可执行下列操作：为元件和组件选取参照，不限顺序，定义放置约束。选取一对有效参照后，系统将自动选取适合指定参照的约束类型。

对于匹配和对齐两种约束类型，可以定义两平面的关系，即在"偏移"列表中选择"重合"、"定向"或"偏距"三种方式，如图 6-1 所示。

(3) 定义好一个约束后，【新建约束】按钮将被自动选中，可重复定义另一约束，并可按需要的数量定义约束。

(4) 当元件的状态显示为"完全约束"、"部分约束"或"无约束"时，单击【确定】按钮，系统就会在当前约束的情况下放置该元件。如果状态是"约束无效"，则应重新定义约束。

图 6-1 "偏移"列表对话框

2. 放置约束的类型

在【元件放置】对话框的【约束类型】列表(如图 6-2 所示)中，有下列放置约束。

(1) 自动：系统根据默认的约束条件装配。

(2) 匹配：使两平面或基准面贴合，法线方向互相平行且指向相异方向。

(3) 对齐：使实体上的平面或基准面共面，法线方向互相平行

图 6-2 约束类型列表

且指向相同的方向。也可以将基准点互相对齐，使基准轴或零件的轴线共线。

(4) 插入：将一个旋转曲面插入另一个旋转曲面中，使它们的旋转中心线共线。该约束有时候和对齐的作用相同。

(5) 坐标系：使装配件与被装配件的坐标系相对齐。一般一个装配体的第一个装配元件就采用此约束。

(6) 相切：两个面以相切的方式进行装配。

(7) 线上点：控制边、轴或基准曲线与点之间的接触。

(8) 曲面上的点：控制曲面与点之间的接触。

(9) 曲面上的边：控制曲面与平面边界之间的接触。

(10) 固定：固定被移动或封装的元件的当前位置。

(11) 缺省：将系统创建的元件的缺省坐标系与系统创建的组件的缺省坐标系对齐。

三、操作实例

创建图 6-3 所示的减速器低速轴组件。

图 6-3 减速器低速轴组件

(1) 将工作目录指定到实验指导书随书光盘中的【实验 6】\操作实例文件夹。

(2) 启动 Pro/E，在菜单栏中执行【文件】→【新建】命令，在弹出的【新建】对话框中选中【类型】栏中的【组件】单选框和【子类型】栏中的【设计】单选框，并在【名称】输入框中输入文件名，最后单击【确定】按钮，即可开始零件的装配。

(3) 调入轴零件。在图形区右侧工具栏上单击 📄 图标，将弹出【打开】对话框，选择example-1.prt (轴零件模型)，然后单击【打开】对话框中的 **打开(O)** 按钮，将弹出如图6-4 所示的放置操控板。选择【缺省】方式，单击操控板上的 ✔ 按钮，即可完成第一个零件的装配。

图 6-4 放置操控板

(4) 调入键零件。单击 📄 图标，将弹出【打开】对话框，选择 example-2.prt(键零件模型)，然后单击【打开】对话框中的 **打开(O)** 按钮，将弹出图 6-4 所示的放置操控板。下面定义约束方式。

① 匹配方式：分别点选轴上的键槽孔底面和键上的面；

② 插入方式：点选轴上的键槽孔圆弧面和键上的圆弧面。

显示完全约束后，单击操控板上的 ✔ 按钮，完成键的装配，如图6-5所示。

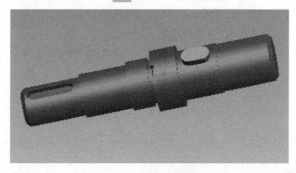

图6-5 完成的键装配图

(5) 调入 example-3.prt (齿轮零件模型)。下面选择齿轮零件的约束方式。

① 插入方式：点选轴圆柱面和齿轮的内圆柱面；

② 匹配方式：选择轴上的台阶面和齿轮的端面；

③ 匹配方式：点选键的端面和齿轮上键槽孔的端面。

显示完全约束后，单击操控板上的 ✔ 按钮，完成齿轮的装配，如图6-6所示。

(6) 调入 example-4.prt(轴套零件模型)。下面选择轴套的约束方式。

图6-6 完成的齿轮装配图

① 插入方式：点选轴圆柱面和轴套内圆柱面；

② 匹配方式：选择轴套端面和齿轮的端面。

显示完全约束后，单击操控板上的 ✔ 按钮，完成轴套的装配。

(7) 调入 example-5.prt (轴承零件模型)。下面选择轴承约束方式。

① 插入方式：点选轴圆柱面和轴承内圆柱面；

② 匹配方式：选择轴套端面和轴承的端面。

显示完全约束后，单击操控板上的 ✔ 按钮，完成轴承的装配，如图6-7所示。

图6-7 完成的轴承装配图

(8) 调入另一侧轴承。下面选择轴承的约束方式。

① 插入方式：点选轴圆柱面和轴承内圆柱面；

② 匹配方式：选择轴的端面和轴承的端面。

(9) 调入轴承端盖 example-6.prt。下面选择轴承端盖的约束方式。

① 插入方式：点选轴圆柱面和轴承端盖内圆柱面；

② 匹配方式：选择轴承端盖的端面和轴承的端面。

显示完全约束后，单击操控板上的 ✔ 按钮，完成端盖的装配。

(10) 调入另一侧轴承端盖，即可完成低速轴组件的装配，如图 6-3 所示。

四、实验内容

(1) 根据光盘里提供的实验内容一的文件建立如图 6-8 所示的高速轴组件装配模型。

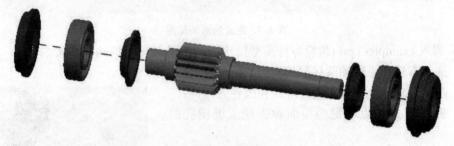

(a) 高速轴组件装配分解图

(b) 高速轴组件装配完成图

图 6-8 高速轴部件装配模型

(2) 根据光盘里提供的实验内容二的文件建立如图 6-9 所示的发动机组件装配模型。

(a) 发动机装配分解图   (b) 发动机装配完成图

图 6-9 发动机组件装配模型

五、思考题

1. 装配生成的几种约束方式是什么？试比较它们之间的区别。
2. 零件装配的基本过程是什么？
3. 产生装配爆炸图的基本过程是什么？

实验七　工程图的创建

(建议 2 个学时)

一、实验目的

(1) 了解 Pro/E 软件工程图模块的强大功能;

(2) 了解 Pro/E 软件生成平面工程图的方法;

(3) 掌握最常用视图的创建和修改方法。

二、基本知识

Pro/E 工程视图有很多类型,常用的有以下几种:

(1) 投影。投影视图是相对于已经存在的视图,沿水平或垂直方向的正交投影。投影视图放置在投影通道中,位于父视图上方、下方或位于其右边、左边。投影视图有按第一角投影和按第三角投影两类。

(2) 辅助。辅助视图是投影视图中的一种类型,是向某一斜面、基准面或沿轴线方向创建的投影。父视图中所选的平面必须垂直于屏幕平面。

(3) 一般。一般视图的方向可以由用户随意确定并与其它视图无关,在机械制图中常用的轴测图就是一种一般视图。

(4) 详细。局部放大视图是为了清楚地表达零件的局部结构同时又不需要用整个视图表达零件时的表示方法。

(5) 旋转。旋转视图是一个平面或者剖面绕着它的"Cutting plane line"旋转 90°并与它偏离一定距离的视图。

另外,投影视图、辅助视图及一般视图的可见性又有下列四种类型。

(1) 全视图(Full View):显示整个视图;

(2) 半视图(Half View):只显示某个基准面的一边;

(3) 破断视图(Broken View):把一个大零件的中间相同的部分去掉,再把剩下的部分靠近放在一起,如表达一根很长的轴;

(4) 局部视图(Partial View):只显示在一个视图中用封闭曲线围起来的部分。

以上各类视图均可制作为剖面或非剖面视图。

三、操作实例

1. 建立工程图

(1) 将工作目录指定到实验指导书随书光盘中的【实验 7】\【操作实例】文件夹,单击【文件】|【打开】,打开文件 example7_1.prt,如图 7-1 所示。

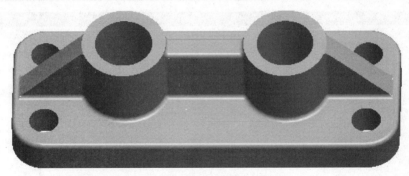

图 7-1 创建工程图的三维模型

(2) 单击工具栏中的 ▢ 图标，在弹出的【新建】对话框中点选 ◉ 🔲 绘图，并在【名称】框中键入工程图名称 "FULL_XSEC.PRT"，取消勾选 ☐ 使用缺省模板，然后单击 确定 按钮。随后将弹出【新建绘图】对话框，如图 7-2 所示。

![新建绘图对话框，缺省模型 FULL_XSEC.PRT，指定模板选择"空"，方向为横向，标准大小 C，宽度 22.00，高度 17.00](dialog)

图 7-2 【新建绘图】对话框

(3) 在【新建绘图】对话框中，【缺省模型】下自动显示当前创建工程图模型的文件 FULL_XSEC.PRT ，在【指定模板】中点选 ◉ 空 ，方向设置为 横向，大小设置为 标准大小 A3 ，单击 确定 完成图纸设置，进入工程图创建界面，如图 7-3 所示。

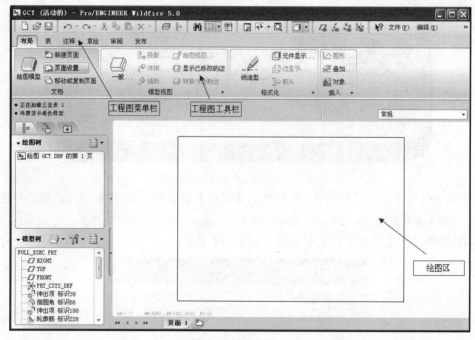

图 7-3　工程图界面

(4) 绘图环境设置。选择主菜单栏【文件】|【绘图选项】，打开【选项】设置框，点击 📂 图标，弹出【打开】对话框，打开安装目录，如 C:\Program Files\proeWildfire5.0\text\，选择并打开配置文件 🗋cns_cn.dtl ，点击【打开】按钮，将【选项】对话框里面的 `projection_type`设置为 `first_angle`，如图 7-4 所示。点选【应用】按钮，完成环境的设置。

图 7-4　【选项】对话框

（5）创建俯视图。

① 切换到工程图菜单栏 **布局**，单击工程图工具栏中的 图标，在绘图区某处左键单击，确定一般视图放置位置，同时弹出【绘图视图】对话框，如图 7-5 所示。

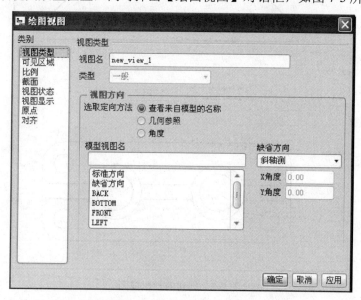

图 7-5　【绘图视图】对话框

② 单击【绘图视图】对话框【类别】中的【视图类型】，然后从【模型视图名】列表中选择 TOP，单击【应用】。

③ 单击【绘图视图】对话框【类别】中的【比例】，然后从【定制比例】列表中输入 2/3，单击【应用】。

④ 单击【绘图视图】对话框【类别】中的【视图显示】，然后从【显示样式】列表中选择□ 消隐，从【相切边样式】列表中选择□无，然后单击【应用】，点选【关闭】按钮，创建的俯视图如图 7-6 所示。

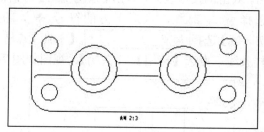

图 7-6　创建的俯视图

（6）创建主投影视图。

① 左键单击选中上一步创建的俯视图，单击工程图工具栏中的 品 投影 图标，在俯视图上面空白处单击，确定投影视图放置位置。

② 双击生成的投影视图，弹出【绘图视图】对话框，设置【视图显示】|【显示样式】为□ 消隐，【相切边样式】为□无 模式，如图 7-7 所示。

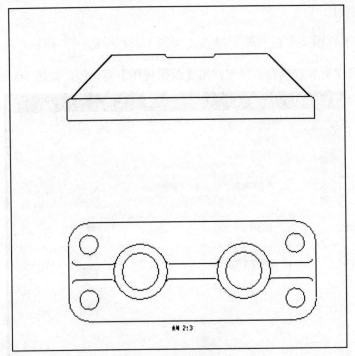

图 7-7　创建的投影视图

(7) 创建侧投影视图。左键单击选中上一步创建的主投影视图，单击工程图工具栏中的 ⌷·投影 图标，在主投影视图右侧空白处单击，确定侧投影视图放置位置。

2. 创建剖视图

(1) 创建全剖视图。双击主投影视图，弹出【绘图视图】对话框，在对话框中点选【截面】|【剖面选项】，选择 ◎ 2D 剖面 ，点选下方的符号 ➕ ，在【名称】中选择截面 ✔ A　　　　　 ▾ ，【剖切区域】选择 完全　　　　　 ▾ ，在【箭头显示】中点选俯视图 视图:new view 1 。

(2) 创建局部剖视图。双击侧投影视图，弹出【绘图视图】对话框，在对话框中点选【截面】|【剖面选项】，选择 ◎ 2D 剖面 ，点选下方的符号 ➕ ，在【名称】中选择截面 ✔ B　　　　　 ▾ ，【剖切区域】选择 局部　　　　 ▾ ，【参照】点选图 7-8 所示位置处，【边界】画出图 7-9 所示的样条线。点选【应用】|【关闭】，视图如图 7-10 所示。

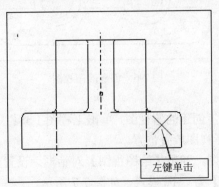

图 7-8　点的位置

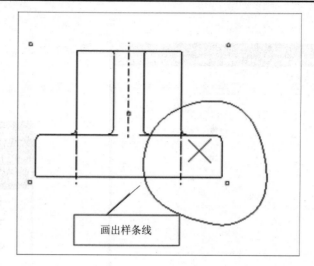

图 7-9 绘制样条线

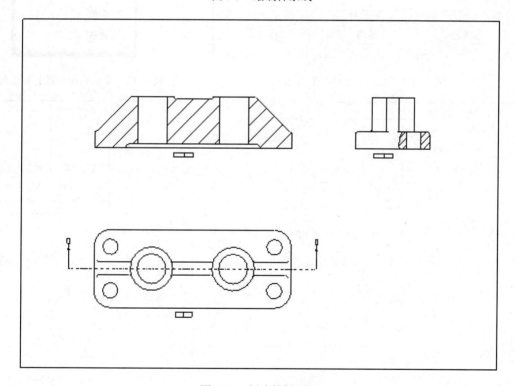

图 7-10 创建的剖面图

3. 标注尺寸

(1) 切换到工程图菜单栏【注释】，左键框选三个视图，单击工程图工具栏中的

图标，弹出【显示模型注释】对话框。点选图标，单击【应用】，显示孔轴线如图 7-11 所示。

(2) 手动标注尺寸。点选工程图工具栏上的 图标，弹出图 7-12 所示的【菜单管理器】对话框。选择依附的类型，标注相关尺寸(标注方法和草绘的方法一致)。尺寸标注后如

图 7-13 所示。

图 7-11 【显示模型注释】对话框

图 7-12 【菜单管理器】对话框

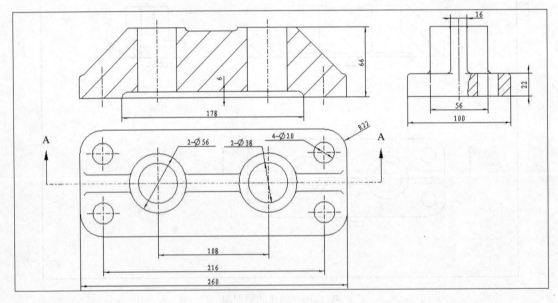

图 7-13 尺寸标注结果

4. 标注表面光洁度

(1) 点选工程图工具栏上的 ³²/ 图标,弹出图 7-14 所示的【菜单管理器】对话框。点击【检索】,弹出打开对话框,在对话框中双击 📂machined ,选择 📄standard1.sym ,单击【打开】按钮,弹出图 7-15 所示的【菜单管理器】对话框。

图 7-14　【菜单管理器】对话框 1　　　　　　图 7-15　【菜单管理器】对话框 2

(2) 单击图 7-15 所示对话框中的【法向】，选取一个边、一个图元、一个尺寸、一条曲线、曲面上的一点或一项点进行表面光洁度的标注。标注完的视图如图 7-16 所示。

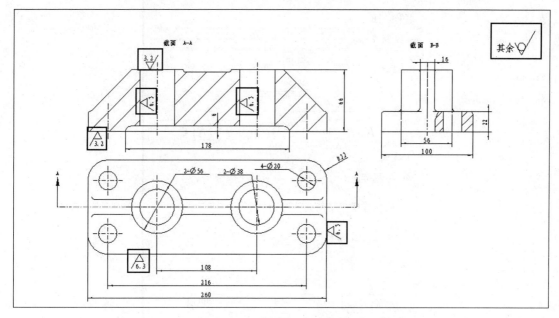

图 7-16　表面光洁度标注

5. 标注形位公差

(1) 点选工程图工具栏上的 图标，弹出图 7-17 所示的【几何公差】对话框。点选 图标，在【参照】|【类型】中选择"曲面"，点选 选取图元... ，选择主投影视图的下边线。在【放置】|【类型】中选择"法向引线"，弹出【引线类型】菜单，选择箭头，再选择主投影视图的下边线，单击鼠标中键，确定形位公差放置的位置。

(2) 单击工程图工具栏上的 插入 ▼ ，点选 ▼ ，选择基准平面 ◻ 模型基准平面 ▼ ，弹出图 7-18 所示【基准】对话框。在【名称】中输入"B"，点选 在曲面上... ，选择主投影视图的下边线，创建基准 B。

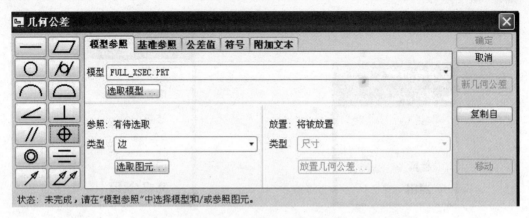

图 7-17　【几何公差】对话框

图 7-18　【基准】对话框

(3) 点选工程图工具栏上的 ┉ 图标，在弹出的【几何公差】对话框中点选 // 图标，在【参照】|【类型】中选择"曲面"，点选 选取图元... ，选择主投影视图的上边线。在【放置】|【类型】中选择"法向引线"，弹出【引线类型】菜单，选择箭头，再选择主投影视图的上边线，单击鼠标中键，确定形位公差放置的位置。在【几何公差】对话框中点选 基准参照 ，在【首要】、【基本】中点选基准 B，点选 公差值 ，输入 0.02，按【确定】按钮完成形位公差的创建，如图 7-19 所示。

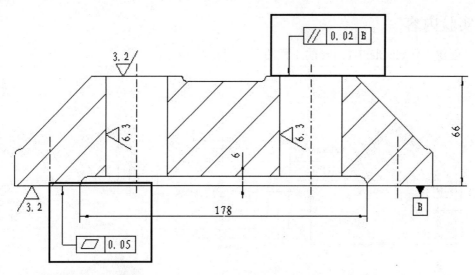

图 7-19　创建的形位公差

6. 创建技术要求

切换到 ，单击 插入注解，在弹出的菜单管理器中选择【无引线】|【输入】|【水平】|【标准】|【缺省】，点击"进行注解"，在弹出的"获得点"菜单管理器中选择"选出点"，并在绘图区右下方点击鼠标左键，确定放置位置，然后在弹出的文本框中输入"1. 铸件不应有疏松、气孔等铸造缺陷"，按回车键后输入"2. 不加工表面涂刷防锈红漆"，按回车键后再次输入"3. 未注铸造圆角半径均为 R3"， 单击 确认，再单击 退出。最终效果图如图 7-20 所示。

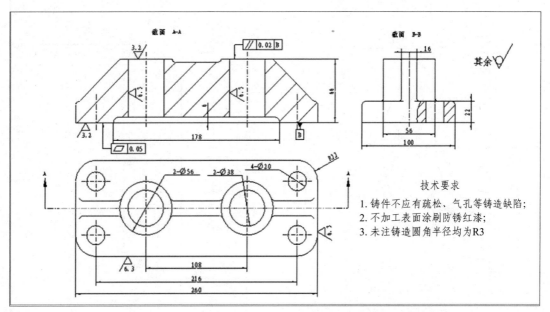

图 7-20　工程图创建结果

四、实验内容

(1) 创建文件 chapter7-1e.prt 的工程图，如图 7-21 所示。

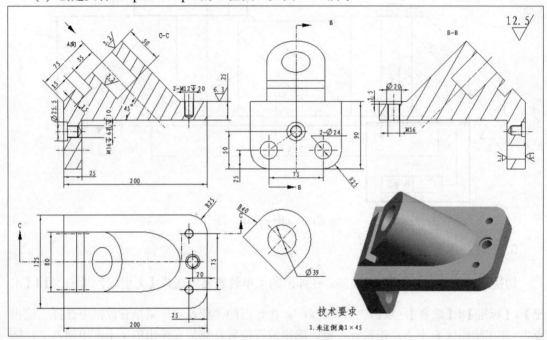

图 7-21　工程图练习一

(2) 创建文件 chapter7-2.prt 的工程图，如图 7-22 所示。

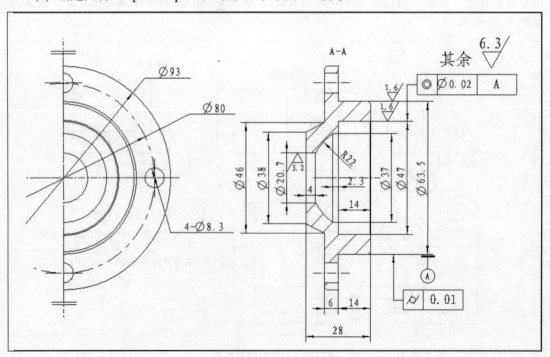

图 7-22　工程图练习二

(3) 创建文件 chapter7-3.prt 的工程图，如图 7-23 所示。

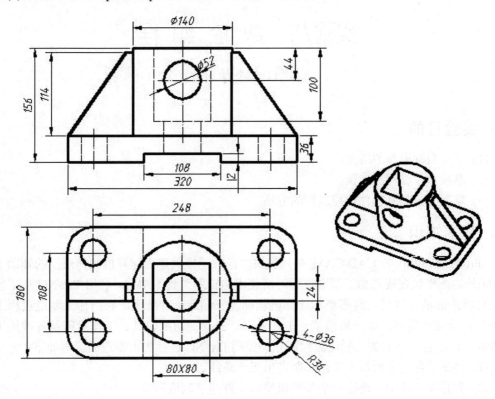

图 7-23　工程图练习三

五、思考题

1. 说明主视图的创建过程和原理。
2. 尺寸的拭除和删除有什么区别？
3. 如何修改工程图中注释的字体和字高？
4. 工程图中的尺寸改变后，模型中的尺寸会改变吗？

实验八　数控编程

(建议 2 个学时)

一、实验目的

(1) 了解自动编程的特点;

(2) 掌握数控编程的步骤;

(3) 掌握 Pro/E5.0 软件数控编程的方法。

二、基本知识

Pro/E Wildfire 的 CAD/CAM 系列模块中，除了提供建立计算机几何模型的辅助工具(CAD)外，还提供在规划加工制造流程时所使用的辅助工具(CAM)。利用 Pro/NC 加工制造模块可将产品的计算机几何模型与计算机辅助加工制造进行集成，利用加工制造过程上所使用的各项加工数据，如产品模型、工件坯料、夹具、切削刀具、工作机床及各种加工参数等数据，进行产品的加工制造流程规划。使用 Pro/NC 进行加工制造的流程如下:

(1) 熟悉零件，分析加工工艺，制定出工艺路线。

(2) 创建制造模型。通过一个参照模型和工件建立制造模型。

(3) 加工环境的设置，包括配置刀具、夹具、机器(通称机床)、工件坐标系和创建制造参照几何。

(4) 创建刀具轨迹，包括选取切削刀具，在参照模型上选取要加工的对象(例如用于钻孔的轴、铣削孔曲面)以及指定控制刀具轨迹生成方式的加工参数。NC 序列一旦完成，就可创建 CL 数据文件。

(5) 对刀具轨迹文件进行后处理以生成机床加工所需的代码资料(MCD 文件)。

(6) 加工仿真。对 NC 工序进行仿真加工，也可以使用后置处理得到的 MCD 文件进行仿真加工。

三、操作实例

加工图 8-1 所示零件。该模型为块状，模具钢块通过线切割来加工获得四周的轮廓,采用数控铣床铣削型腔，钻削孔、四个角的虎口、刻字，在普通机床上加工倒角特征，虎口的拐角处以及型腔需要在热处理后通过电火花加工来做精加工。编程思路及刀具的使用如下:

(1) 采用端面铣削，加工毛坯件的上平面。采用直径 20 mm 全长 100 mm 的平底刀具。

(2) 采用轮廓加工，加工四角处的四个虎口。采用直径 8 mm 全长 60 mm 的平底刀具。

(3) 采用曲面铣削加工，粗加工型腔留余量给电火花加工工序。采用直径 8 mm 全长 60 mm 的球头刀具。

(4) 采用孔加工，进行孔的粗加工。采用直径 8 mm 全长 100 mm 的钻头。

(5) 采用雕刻加工，加工文字特征。采用直径为 0.4 mm 全长 50 mm 的刀具。

以上加工过程的工艺表如图 8-2 所示。

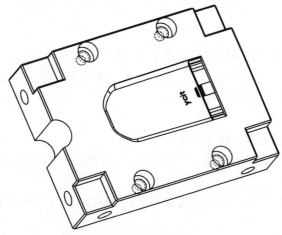

图 8-1　零件模型

名称	类型	机床	刀具	轴	方向	退刀	切削进给	切削单位	主轴速率
FSETP0	夹具设置	-	-	-	-	-			
OP010	操作	MACH01	-	-	ACS0:F9(坐标系)	ACS0:F9(坐标系)	-	-	-
光整毛坯件的上平面	端面铣削	-	FLAT20	3 轴	ACS0:F9(坐标系)	ACS0:F9(坐标系)	200	MMPM	800
加工四角处四个虎口1	轮廓铣削	-	FLAT8	3 轴	ACS0:F9(坐标系)	ACS0:F9(坐标系)	200	MMPM	800
加工四角处四个虎口2	轮廓铣削	-	FLAT8	3 轴	ACS0:F9(坐标系)	ACS0:F9(坐标系)	200	MMPM	800
加工四角处四个虎口3	轮廓铣削	-	FLAT8	3 轴	ACS0:F9(坐标系)	ACS0:F9(坐标系)	200	MMPM	800
加工四角处四个虎口4	轮廓铣削	-	FLAT8	3 轴	ACS0:F9(坐标系)	ACS0:F9(坐标系)	200	MMPM	800
粗加工型腔	仿形曲面铣削	-	BALL8	3 轴	ACS0:F9(坐标系)	ACS0:F9(坐标系)	150	MMPM	1000
粗加工孔	标准钻孔	-	HOLETOOL	3 轴	ACS0:F9(坐标系)	ACS0:F9(坐标系)	100	MMPM	200
采用雕刻加工文字	坡口	-	FLAT04	3 轴	ACS0:F9(坐标系)	ACS0:F9(坐标系)	30	MMPM	11000

图 8-2　工艺表

1. 初始环境设置

1) 建立新工作目录

将目录设置到光驱\实验指导书随书光盘\实验 8\操作实例。

2) 建立新的加工文件

单击【文件】|【新建】，弹出新文件对话框，在类型栏中选择【制造】，在子类型中选择【NC 组件】，输入文件名称 "nc_sjhg"，取消使用缺省模板，如图 8-3 所示。单击【确定】按钮。

图 8-3　建立新加工文件

3) 设置模型单位制

在图 8-3 所示新文件对话框中选择 mmns_mfg_nc 模板，单击【确定】建立加工文件。

4) 建立加工模型

(1) 加入参考模型。

① 在图形区域右侧制造元件工具条中单击 ；

② 进入打开对话框，选择 sjhg.prt，在元件放置操控板中选择缺省方式进行约束，单击 ✅ 按钮，将参考零件装配到加工模型。

(2) 加入工件模型。

① 在图形区域右侧制造元件工具条中单击 ；

② 系统首先提示输入要产生的工件模型的名字，在状态栏提示框中输入名字 sjhg_wrk，单击 ✅ 按钮；

③ 在右侧出现的特征菜单中单击【实体】|【加材料】|【伸出项】|【拉伸】|【实体】|【完成】；

④ 在如图 8-4 所示草绘对话框中设置草绘平面，单击【草绘】。在图形区域中选择装配坐标系，如图 8-5 所示。在参照对话框中单击【求解】按钮，绘制如图 8-6 所示的轮廓。单击 ✅ 完成草绘，在拉伸操控板中选择 ，选择参照模型的底面作为拉伸所到的曲面。单击 ✅ 完成拉伸特征，创建的工件如图 8-7 所示。

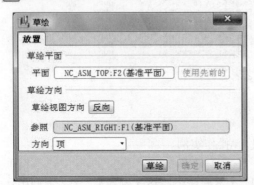

图 8-4　确定草绘平面

图 8-5　选择绘图参照

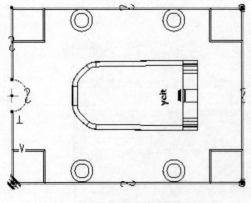

图 8-6　工件轮廓

图 8-7　工件

5) 机床参数设定

(1) 在菜单条单击【步骤】|【操作】，打开操作设置对话框。系统弹出【操作设置】对话框，如图 8-8 所示。在操作名称一栏里输入操作的名字，默认值是 0p010。单击 NC 机床栏右侧的图标 ，弹出【机床设置】对话框，见图 8-9。

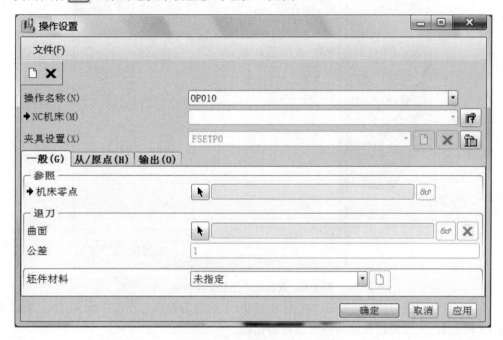

图 8-8　【操作设置】对话框

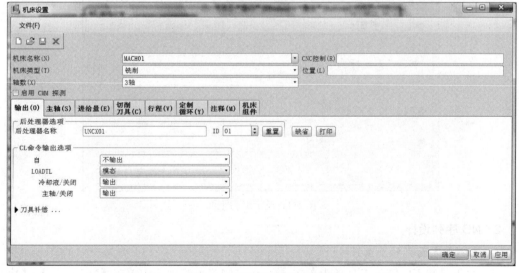

图 8-9　【机床设置】对话框

(2) 在机床类型栏中单击右端的下拉按钮，选择【铣削】，在轴数栏里单击右端的下拉按钮选择 3 轴，后置处理选项中选项 ID 右侧栏中的数字是后处理文件的代号。要求必须与所选机床的后处理文件相对应，其他项可暂时忽略，以后需要时再定。单击确定按钮，完成机床设置，返回操作设置窗口。

(3) 单击加工零点右侧带黑色箭头的按钮，屏幕提示选择坐标系，用鼠标选择建好的坐标系 ACSO。如果没有合适的坐标系就建立一个坐标系，注意坐标轴的方向，特别是 Z 轴的方向，如图 8-10 所示。暂时忽略其他项，单击按钮【应用】|【确定】。

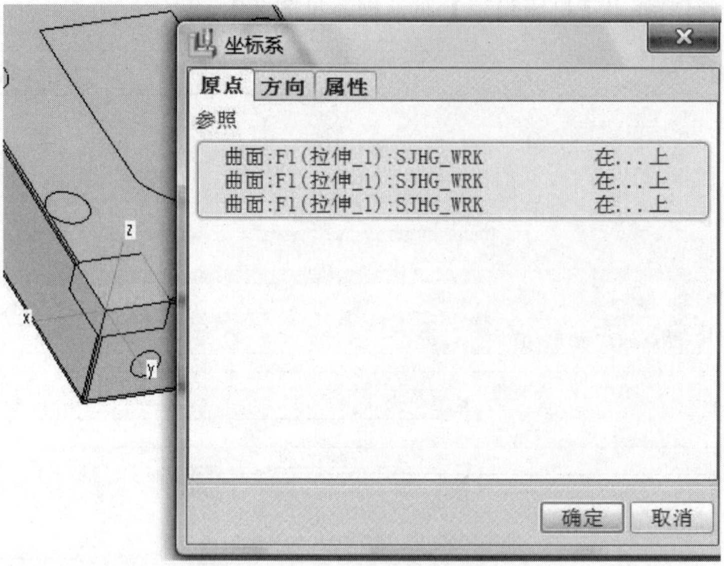

图 8-10　选择三个面建立坐标系

(4) 单击退刀栏中的按钮，在图 8-11 所示的退刀设置对话框中输入 10，单击【确定】|【确定】，完成操作设置和机床设置对话框。

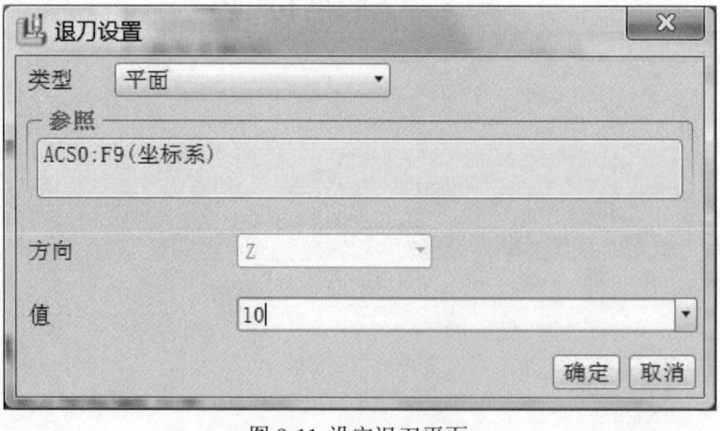

图 8-11 设定退刀平面

2. NC 序列设计

1) 毛坯上表面光整加工

(1) 在工具箱 NC 铣削工具条上单击，在右侧菜单管理器中单击【NC 序列】|【序列设置】|【完成】。如图 8-12 所示，勾选序列设置项，单击【完成】。

(2) 在图 8-13 所示的刀具设定对话框中，定义直径为 20 mm，全长为 100 mm 的平底刀。

(3) 在图 8-14 所示的序列参数对话框中设置加工参数。

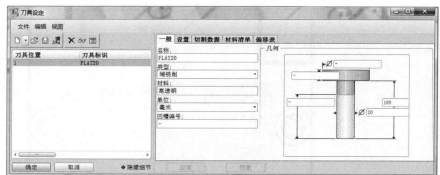

图 8-12 序列设置项   图 8-13 刀具设定

图 8-14 铣削参数设置

(4) 弹出图 8-15 所示的曲面对话框，单击 ⬚ | ⬚，绘制如图
8-16 所示截面，拉伸深度为到工件的底面，完成体积块的构建。

(5) 在曲面选择对话框中，选择刚才建立的体积块的上表面，
如图 8-17 所示，单击 ☑ 完成选取，弹出图 8-18 所示的菜单。

图 8-15　选取待加工面

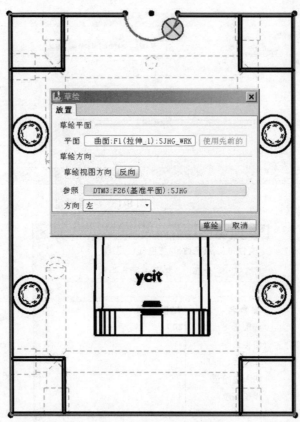

图 8-16　体积块拉伸截面

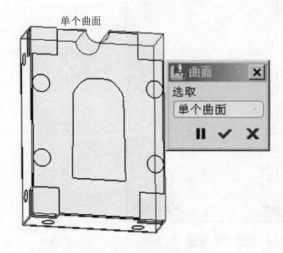

图 8-17　选择待加工曲面

图 8-18　定义起点

(6) 在图形区域右侧工具条上单击 ✖️，创建图 8-19 所示偏移坐标系点，完成起点的设置。在图形区域选择刚才建立的基准点，完成终止点的选取。

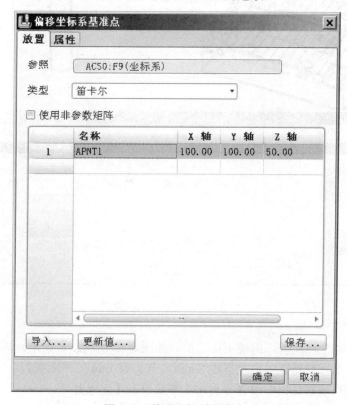

图 8-19 偏移坐标系基准点

(7) 单击图 8-20 所示对话框中的屏幕演示，弹出 8-21 所示的播放路径对话框，单击播放按钮，在图形区域展示并检查刀具路径轨迹，单击【完成序列】。

图 8-20 刀具路径检验

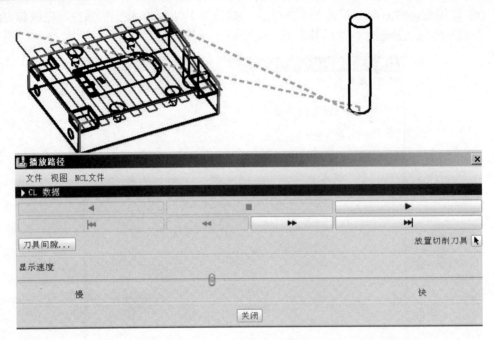

图 8-21　演示刀具路径

2) 虎口加工

(1) 单击工具栏上的 ⬚，出现下拉菜单，如图 8-12 所示设置菜单，单击【完成】；

(2) 在 8-13 所示对话框中定义直径 8 mm，全长 60 mm 的平底铣刀；

(3) 在 8-14 所示对话框中设置序列加工参数单击【完成】；

(4) 在如图 8-22 所示图形区域选择虎口区的侧面轮廓，单击 ✓；

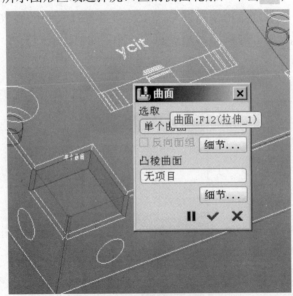

图 8-22　选择加工轮廓

(5) 完成刀具进刀设置后，验证刀具路径，如图 8-23 所示。

(6) 参照本序列步骤(1)～(5)针对另外零件三个虎口区分别建立三个轮廓加工工序如图

8-24 所示。

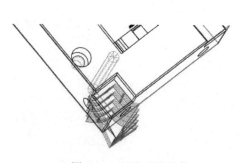

图 8-23　显示刀具路径

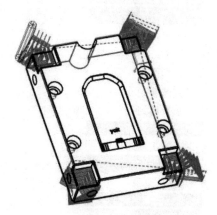

图 8-24　刀具路径

3）型腔粗加工

（1）单击工具栏上的 ，将出现【序列设置】菜单，在如图 8-12 所示设置菜单中单击【完成】；

（2）单击｜｜，在对话框右侧设置刀具切削直径为 8 mm，刀具全部长度为 100 mm；

（3）在如图 8-25 所示对话框中设置加工过程中的各项参数，单击【确定】后在图 8-26 所示的菜单中单击【完成】，出现如图 8-27 所示菜单，在如图 8-28 所示图形区域选取曲面，单击【完成】。

图 8-25　加工参数设定

图 8-26　曲面选取菜单

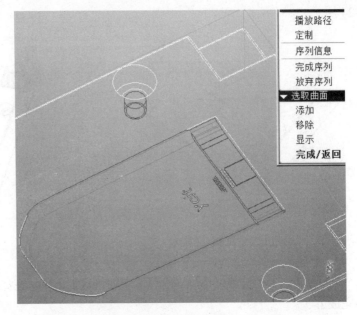

图 8-27　序列菜单　　　　　　　　　　图 8-28　选取曲面

(4) 如图 8-29 验证刀具路径，如没问题就单击【完成序列】。

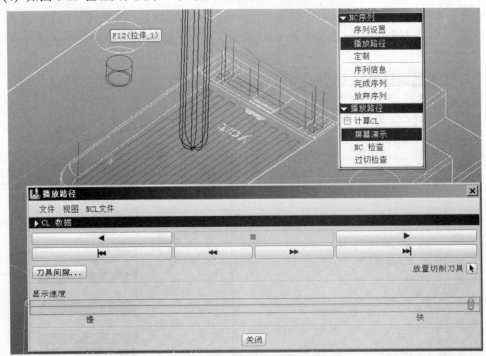

图 8-29　验证刀具路径

4) 钻孔加工

(1) 单击 ⊔ 标准钻孔图标，进行序列设置和刀具的定义。

(2) 在出现的编辑参数对话框中设置好相关参数，如图 8-30 所示。单击【确定】完成参数的设置，选择待加工孔单击✔完成孔的选择，如图 8-31 所示。

图 8-30 孔加工参数对话框

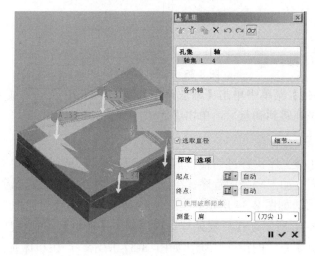

图 8-31 孔集对话框

(3) 在 NC 序列菜单中单击【播放路径】|【屏幕演示】，如图 8-32 所示。在 NC 序列菜单中单击【完成序列】。

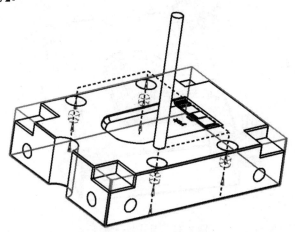

图 8-32 刀具路径播放

5) 字体雕刻加工

(1) 在工具栏中单击 ⬚，进行序列参数和刀具参数的设置，选择图 8-33 所示凹槽特征。

图 8-33　选择凹槽特征

(2) 在【NC 序列】菜单中单击【播放路径】，验证 Pro/E 自动生成的刀具路径。

(3) 对该 NC 序列感到满意后，单击【完成序列】。

3. 后置处理

将前面制作的几个工序执行过切检查后，如果没有过切，就可对 NC 工序进行后置处理，以便产生能够在机床上加工产品的程序。在模型树上选择 OP010 [MACH01]，单击【播放路径】，演示刀具路径，如图 8-34 所示。在图 8-35 所示播放路径对话框中单击【文件】|【另存为 MCD】，如图 8-36 所示选择后置处理选项，单击【输出】。在出现的【后置处理列表】下拉菜单中选择与机床对应的操作系统，如图 8-37 所示。产生机床加工的程序如图 8-38 所示。

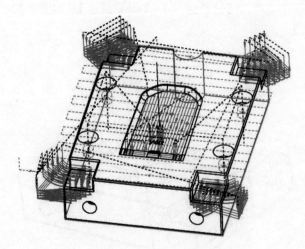

图 8-34　刀具路径轨迹

图 8-35　播放路径

图　8-36　后置处理选项

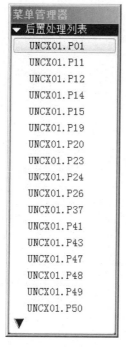

图 8-37　各种后置处理系统

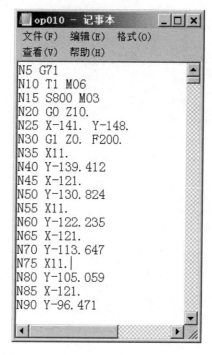

图 8-38　加工程序

四、实验内容

（1）打开随书光盘中"实验内容"文件夹下面的 chapter.prt 模型，根据三维模型，制定合理的加工路线并建立加工文件。

（2）用 Pro/E 的体积块铣削方式进行粗加工。

(3) 用 Pro/E 的轮廓铣削方式进行精加工。

(4) 用 Pro/E 的孔加工方式加工该零件的通孔。

五、思考题

1. Pro/E 有哪些加工方式？

2. CUT_FEED 参数的含义是什么？

3. 工件坐标系如何设定？

4. 曲面切削对刀具有何要求？

5. 如何产生机床加工需要的刀具轨迹代码？

实验九 计算机辅助运动仿真分析

一、实验目的

(1) 掌握 Pro/E 运动仿真的基本步骤;

(2) 掌握 Pro/E 装配连接类型的概念;

(3) 掌握 Pro/E 运动分析的基本方法;

(4) 能够对运动仿真的结论进行分析。

二、基本知识

计算机辅助运动仿真分析是根据产品的形状特征、精度特性,利用计算机图形学和仿真技术,在计算机上模仿产品的实际装配过程、仿真模拟机器的运动过程,以可视化手段研究和解决产品的可装配性及运动问题。在产品的开发设计阶段应用这种方法可以大大缩短产品的开发周期,减少样机实验次数,迅速地对市场做出反应,降低产品研发成本,提高企业的核心竞争力。

Pro/E 的运动仿真功能非常强大,它能将平面的、静止的研究对象(如凸轮机构、齿轮传动、冲压模工作过程等)清晰、生动、形象地展示在我们面前,其工作原理也容易理解,同时可实现在设计阶段可视地对机构进行干涉检测以及对产品设计的合理性进行分析。

1. Pro/E 机械运动仿真的工作流程

(1) 创建模型:定义主体,生成连接,定义连接轴设置,生成特殊连接;

(2) 检查模型:拖动组件,检验所定义的连接是否能产生预期的运动;

(3) 加入运动分析图元:设定伺服电机;

(4) 准备分析:定义初始位置及其快照,创建测量;

(5) 分析模型:定义运动分析并运行;

(6) 结果获得:结果回放,干涉检查,查看测量结果,创建轨迹曲线,创建运动包络。

2. Pro/E 机械运动仿真的相关菜单

1) 装入元件的方式

向组件中增加元件时,会弹出【元件放置】窗口,此窗口有三个页面:"放置"、"移动"和"连接"。传统的装配元件方法是在"放置"页面给元件加入各种固定约束,将元件的自由度减少到 0,因元件的位置被完全固定,这样装配的元件不能用于运动分析(基体除外)。另一种装配元件的方法是在"连接"页面给元件加入各种组合约束,如"销钉"、"圆柱"、"刚体"、"球"、"6DOF"等,使用这些组合约束装配的元件,因自由度没有完全消除(刚体、焊接、常规除外),元件可以自由移动或旋转,故这样装配的元件可用于运动分析。传统装配法可称为"约束连接",后一种装配法可称为"机构连接"。

(1) 约束连接与机构连接的相同点:都使用 Pro/E 的约束来放置元件,组件与子组件的关系相同。

(2) 约束连接与机构连接的不同点：约束连接使用一个或多个单约束来完全消除元件的自由度，机构连接使用一个或多个组合约束来约束元件的位置。约束连接装配的目的是消除所有自由度，元件被完整定位，机构连接装配的目的是获得特定的运动，元件通常还具有一个或多个自由度。

2) 机构连接的类型

机构连接所用的约束都是能实现特定运动的组合约束，包括销钉、圆柱、滑动杆、轴承、平面、球、6DOF、常规、刚性、焊接、槽等共 11 种。

(1) 销钉：由一个轴对齐约束和一个与轴垂直的平移约束组成。元件可以绕轴旋转，具有 1 个旋转自由度，总自由度为 1。轴对齐约束可选择直边、轴线或圆柱面，可反向；平移约束可以是两个点对齐，也可以是两个平面的对齐/配对，平面对齐/配对时，可以设置偏移量。

(2) 圆柱：由一个轴对齐约束组成。比销钉约束少了一个平移约束，因此元件可绕轴旋转同时可沿轴向平移，具有 1 个旋转自由度和 1 个平移自由度，总自由度为 2。轴对齐约束可选择直边、轴线或圆柱面，可反向。

(3) 滑动杆：即滑块，由一个轴对齐约束和一个旋转约束(实际上就是一个与轴平行的平移约束)组成。元件可滑轴平移，具有 1 个平移自由度，总自由度为 1。轴对齐约束可选择直边、轴线或圆柱面，可反向。旋转约束选择两个平面，偏移量根据元件所处位置自动计算，可反向。

(4) 轴承：由一个点对齐约束组成。它与机械上的"轴承"不同，它是元件(或组件)上的一个点对齐到组件(或元件)上的一条直边或轴线上，因此元件可沿轴线平移并任意方向旋转，具有 1 个平移自由度和 3 个旋转自由度，总自由度为 4。

(5) 平面：由一个平面约束组成，也就是确定了元件上某平面与组件上某平面之间的距离(或重合)。元件可绕垂直于平面的轴旋转并在平行于平面的两个方向上平移，具有 1 个旋转自由度和 2 个平移自由度，总自由度为 3。可指定偏移量，可反向。

(6) 球：由一个点对齐约束组成。元件上的一个点对齐到组件上的一个点，比轴承连接小了一个平移自由度，可以绕着对齐点任意旋转，具有 3 个旋转自由度，总自由度为 3。

(7) 6DOF：即 6 自由度，也就是对元件不作任何约束，仅用一个元件坐标系和一个组件坐标系重合来使元件与组件发生关联。元件可任意旋转和平移，具有 3 个旋转自由度和 3 个平移自由度，总自由度为 6。

(8) 刚性：使用一个或多个基本约束，将元件与组件连接到一起。连接后，元件与组件成为一个主体，相互之间不再有自由度，如果刚性连接没有将自由度完全消除，则元件将在当前位置被"粘"在组件上。如果将一个子组件与组件用刚性连接，子组件内各零件也将一起被"粘"住，其原有自由度不起作用，总自由度为 0。

(9) 焊接：两个坐标系对齐，元件自由度被完全消除。连接后，元件与组件成为一个主体，相互之间不再有自由度。如果将一个子组件与组件焊接连接，子组件内各零件将参照组件坐标系起到其原有自由度的作用，总自由度为 0。

(10) 槽：是两个主体之间的一个点——曲线连接。从动件上的一个点，始终在主动件上的一根曲线(3D)上运动。槽连接只使两个主体按所指定的要求运动，不检查两个主体之间是否干涉，点和曲线甚至可以是零件实体以外的基准点和基准曲线，当然也可以在实体内部。

三、操作示例

1. 平面四杆机构构件的组装

(1) 建立新工作目录。将目录设置到光驱\实验指导书随书光盘\实验9\操作实例。

(2) 新建装配文件。执行【文件】|【新建】，选择【组件】|【设计】，输入文件名"sgjk.asm"，进入实体装配模式。

(3) 装配机架。首先装配第一个零件，第一个零件的选择对建立一个好的装配非常重要，一般选取体积较大的(参照选取比较方便)，设计变更较小的零件(参照不会随着设计变更而改变)或与其他组件连接作为基础的零件，在其上逐一装配其他零件。

执行【插入】|【元件】|【装配】，打开机架文件 sg01.prt，设置约束类型为"缺省"。

(4) 装配曲柄。装配其它的零件，往往其他的零件不是直接装配在缺省位置，需要根据各零件间的相对运动来确定装配的方式。

常见的连接方式所能限制的自由度以及约束条件如表 9-1 所示。

表 9-1　常见连接方式限制的自由度及约束条件

连接方式	自由度		约束条件
	平移	旋转	
刚性	0	0	完全约束
销钉	0	1	轴对齐，两平面匹配
滑动杆	1	0	轴对齐，两平面匹配
圆柱	1	1	轴线或边对齐
平面	2	0	两平面匹配
球	0	3	点对齐
焊接	0	0	坐标系对齐
轴承	1	3	点与边或轴对齐
6DOF	3	3	坐标系对齐

执行【插入】|【元件】|【装配】，打开曲柄文件 sg02.prt，选择连接类型为"销钉"(见图 9-1)，即机械原理课程中的铰链连接，运动副为低副中的转动副。放置方式为轴与轴对齐，面与面对齐，并分别选择两构件的几何特征，操控板显示"完全连接定义"状态。图9-2 为完成曲柄装配后的效果图。同时按下 Ctrl+Alt+鼠标拖动曲柄，可以动态观察曲柄绕机架圆柱销转动的情况。

(5) 装配摇杆。摇杆和曲柄均为连架杆，摇杆文件为 sg04.prt，装配方法类似于曲柄的装配。

(6) 装配连杆。执行【插入】|【元件】|【装配】，打开连杆文件 sg03.prt，首先与曲柄连接，选择连接类型为"销钉"，单击操控板【放置】|【新设置】，增加与摇杆的连接，并进行相关几何特征的选取。完成后的连杆效果图如图 9-3 所示。同时按下 Ctrl+Alt+鼠标拖动曲柄，可以动态观察曲柄带动连杆、摇杆运动，而且，曲柄只可转动，摇杆只可摆动。

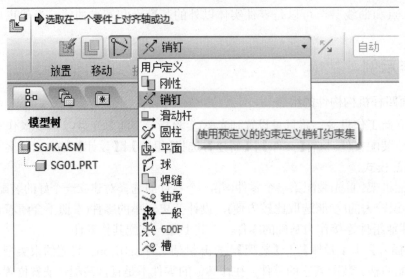

图 9-1　连接类型的定义

图 9-2　曲柄装配后的效果图

图 9-3　四杆机构装配完成后的效果图

2. 机构运动仿真

(1) 进入运动仿真环境。执行【应用程序】|【机构】，进入机构运动仿真环境，窗口左侧出现运动仿真特征树，右侧显示运动分析工具栏。

(2) 设置主动件。单击工具按钮"伺服电机"，在弹出的窗口(见图9-4)中选择曲柄与机架的铰接轴作为运动轴，即指定曲柄为主动件，来产生回转运动。选定后的运动轴效果图如图9-5所示。切换到"轮廓"选项卡(见图9-6)定义电动机的类型，将"规范"选择为"速度"，"模"设置为常数，A处输入"20"，输入的数值越大，运动速度越快。

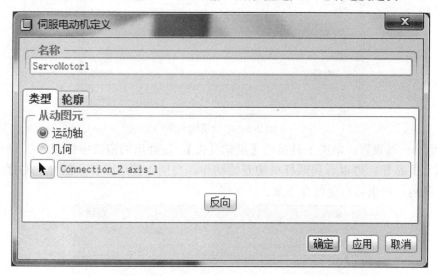

图 9-4　伺服电动机定义

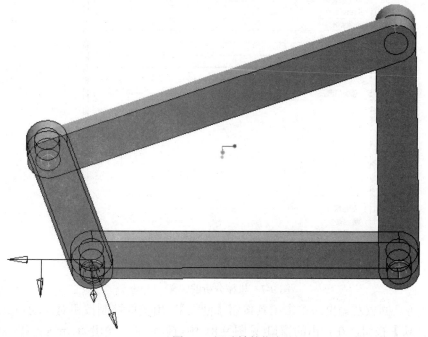

图 9-5　运动轴的指定

图 9-6　电动机的类型

(3) 运动仿真设置。单击工具按钮【机构分析】，在弹出的窗口中按图 9-7 进行设置，单击【运行】按钮，可以看到四杆机构开始动作，曲柄作整周回转，摇杆左右摆动。30 s 后结束，其运行结果将自动保存下来。

图 9-7　机械分析的定义

(4) 运动仿真回放及输出。单击工具按钮【回放】，用播放控制按钮对运动仿真进行回放。单击【捕获】按钮，在弹出的窗口(见图 9-8) 中可以将动画输出为 .mpeg 和 .avi 视频等格式。

图 9-8 运动仿真视频的捕获

3. 运动分析

(1) 生成摇杆速度与时间关系的运动分析图。机构模块中可进行的分析测量量有：位置、速度、加速度、连接反作用、净负荷、冲力等。单击【生成分析的测量结果】按钮，显示测量结果对话框，在测量栏内新建测量，选择需要的分析测量，勾选"分别绘制测量图形"，单击【绘制选定结果集所选测量的图形】按钮，设定的分析测量量将以图形和数据的形式输出。

单击工具按钮【生成分析】，在图 9-9 中单击 按钮，将弹出图 9-10 所示的【测量定义】对话框，指定摇杆和连杆的连接轴为分析对象，如图 9-10 进行设置，然后按【确定】按钮。在图 9-9 中单击 按钮，将生成图 9-11 所示的结果，横坐标表示时间，纵坐标表示速度。可见，在不同的时间点，摇杆的速度是不同的。曲线位置低的，运动速度慢，是平面四杆机构的工作行程，高的部分则是返回行程，急回特性效果明显。同理，也可生成摇杆的加速度与曲柄转动时间的关系图。

图 9-9 【测量结果】对话框

图 9-10　【测量定义】对话框

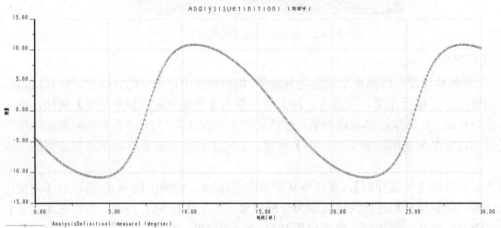

图 9-11　摇杆速度—时间曲线

　　(2) 其他运动分析。在【机构】模块中，单击【回放】按钮，首先在【干涉】选项卡中动态地检测各零件间的干涉情况，干涉模式主要有：无干涉、快速检查、两个零件、全局干涉。若运动过程中出现干涉，Pro/E 会提示，并将干涉区域加亮显示，以便设计者检查修改。

　　(1) 死点位置分析，以摇杆作为主动件，可以发现连杆与曲柄共线时，运动不确定或无法运动，这是机构的死点位置；

　　(2) 急回特性观察，动画演示中，返回行程要明显快于工作行程；

　　(3) 全局干涉，检测机构在运动中， 实体之间相互是否产生运动干涉；

　　(4) 运动轨迹线描绘和构件包络描绘；

　　(5) 机构类型判定，改变各杆件长度，重新装配，得到的运动规律一定符合各机构类型的固有规律，有力地检验了杆长条件和最短杆条件的四杆机构类型判定理论。

四、实验内容

　　(1) 打开随书光盘中的"实验内容"文件夹下面的 compressor.asm；

　　(2) 创建当前位置的照片 snapshot；

　　(3) 将拍取的照片设置为初始条件；

(4) 在 compressor 主轴上创建伺服电机;

(5) 创建位置、速度、加速度测量量;

(6) 创建运动学分析,显示测量结果。

五、 思考题

1. 装配连接一般用在什么场合?请说出几种典型的连接类型并解释其具体含义。

2. 简述计算机辅助运动仿真的操作步骤。

实验十　　计算机辅助工程分析

(建议 2 个学时)

一、实验目的

(1) 了解用 Pro/E 进行计算机辅助工程分析的基本步骤;

(2) 掌握 Pro/E 中边界条件和载荷的施加方法;

(3) 能够使用 Pro/E 观察和分析计算结果。

二、基本知识

在 Pro/MECHANICA 中,将每一项能够完成的工作称为设计研究。所谓设计研究是指针对特定模型用户定义的一个或一系列需要解决的问题。在 Pro/MECHANICA 中,每一个分析任务都可以看做一项设计研究。Pro/MECHANICA 的设计研究可以分为以下 3 种类型。

(1) 标准分析(Standard):最基本、最简单的设计研究类型,至少包含一个分析任务。在此种设计研究中,用户需要指定几何模型、划分有限元网格、定义材料、定义载荷和约束、定义分析类型和计算收敛方法、计算并显示结果。

(2) 灵敏度分析(Sensitivity):可以根据不同的目标设计参数或者物性参数的改变计算出一些列的结果。除了进行标准分析的各种定义外,用户需要定义设计参数、指定参数的变化范围。用户可以用灵敏度分析来研究哪些设计参数对模型的应力或质量影响较大。

(3) 优化设计分析(Optimization):在基本标准分析的基础上,用户指定研究目标、约束条件(包括几何约束和物性约束)、设计参数,然后在参数的给定范围内求解出满足研究目标和约束条件的最佳方案。

在 Pro/MECHANICA 中进行设计模型的应力应变检验工作需要依次进行以下步骤:

(1) 创建几何模型。

(2) 简化模型。

(3) 设定单位和材料属性。

(4) 定义约束。

(5) 定义载荷。

(6) 定义分析任务。

(7) 运行分析。

(8) 显示、评价计算结果。

三、操作实例

变速器侧盖模型如图 10-1 所示。钢制变速箱侧盖使用 12 个螺栓固定,箭头所指柱面经轴承承受向下 10 000 N 的力,试对其受力进行分析。

图 10-1　变速器侧盖模型

1. 打开文件并简化模型

(1) 设置工作目录至实验 10 下的操作实例文件夹；

(2) 在菜单栏中单击【文件】|【打开】，在弹出的【文件打开】对话框中选中"a.prt"，单击【打开】。

(3) 选中左侧【模型树】中的 CUT 基准平面，在菜单栏中单击【编辑】|【实体化】，在弹出的【实体化特征用户界面】中点击☑确认，结果如图 10-2 所示。

图 10-2　模型简化

2. 使用 AutoGEM 自动划分网格

(1) 在菜单栏中单击【应用程序】|【Mechanica】，在弹出的【Mechanica 模型设置】

对话框中单击【确定】进入 Mechanica 环境。

　　(2) 在菜单栏中单击【属性】|【材料】，在弹出的【材料】对话框中的【库中的材料】一栏选取 steel.mtl，单击 ▶▶▶ 图标，在右侧的【模型中的材料】出现"STEEL"，点击【确定】结束选择。在菜单栏中单击【属性】|【材料分配】，在弹出的【材料指定】对话框中选取参照为零件 A，单击【确定】结束指定。

　　(3) 在菜单栏中单击【AutoGEM】|【创建】，在弹出的【AutoGEM】对话框中选取 AutoGEM 参照为"体积块"，点击 ► 弹出 Mechanica 选取，默认为框选取，框选整个模型，点击【确定】，在【AutoGEM】对话框中点击【创建】，弹出【AutoGEM 摘要】对话框，如图 10-3 所示。

　　在【AutoGEM】摘要对话框中点击【关闭】，将弹出【AutoGEM】对话框，如图 10-4 所示。

图 10-3　AutoGEM 摘要对话框

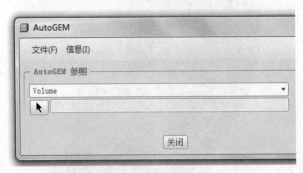

图 10-4　【AutoGEM】对话框

　　在 AutoGEM 对话框中点击菜单栏中的【文件】|【保存网格】，完成后点击【关闭】，关闭 AutoGEM 对话框。

　　通过网格划分得到了 7287 个单元，将使分析耗费大量的时间。从网格划分后的效果图可以得知，在圆角及斜角处的网格密度很高，因此可以将离受力区域较远或对分析影响不大的圆角及斜角特征隐含。

3. 简化模型

(1) 点击菜单栏中的【应用程序】|【标准】，返回特征建模界面；

(2) 点击左侧模型树上方【设置】下拉箭头 🔧 ▾ |【树列】，在弹出的【模型数列】对话框左侧【不显示】类型列表中选中【特征#】，点击【添加列】 ⟩⟩ ，在右侧【显示】类型列表中点击【确定】结束选择。

(3) 在左侧模型树中 Ctrl 多选特征 9、10、11、14、15、29、55、68、81，单击鼠标右键，选择【隐含】，点击【确定】，则选中的特征被隐含，如图 10-5 所示。

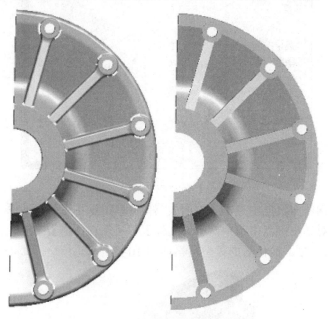

图 10-5　简化前后的模型对比

(4) 点击菜单栏中的【应用程序】|【Mechanica】，返回 Mechanica 环境；

(5) 点击菜单栏中的【AutoGEM】|【创建】，弹出【问题】对话框，会提示"此元件存在一个网格。是否要检索它？"单击【否】，弹出【AutoGEM】对话框，如图 10-6 所示。

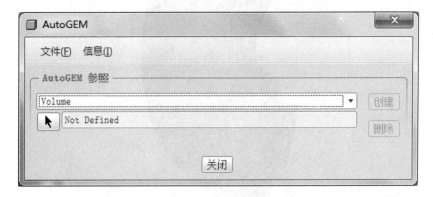

图 10-6　【AutoGEM】对话框

在弹出的【AutoGEM】对话框中选取 AutoGEM 参照为"Volume"，点击 🖰 弹出 Mech

选取，默认为框选取整个模型，点击【确定】，在【AutoGEM】对话框中点击【创建】，弹出【AutoGEM 摘要】对话框，如图 10-7 所示。

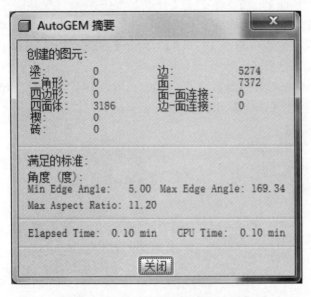

图 10-7　　【AutoGEM 摘要】对话框

在 AutoGEM 摘要对话框中点击【关闭】，弹出【AutoGEM】对话框。

在 AutoGEM 对话框中点击菜单栏中【文件】|【保存网格】，完成后点击【关闭】，关闭【AutoGEM】对话框。简化后的模型网格如图 10-8 所示。

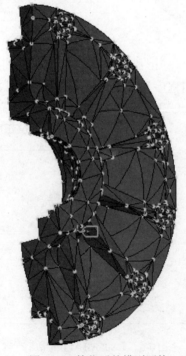

图 10-8　简化后的模型网格

4. 模型添加约束及载荷

（1）点击菜单栏中的【插入】｜【位移约束】，弹出【约束】对话框，在【参照/曲面】选取如图 10-9 所示平面。设置【平移】栏 X、Y 为 ●(自由)，【旋转】栏 Z 为 ━(自由)，如图 10-10 所示。点击【确定】，如图 10-11 所示.。

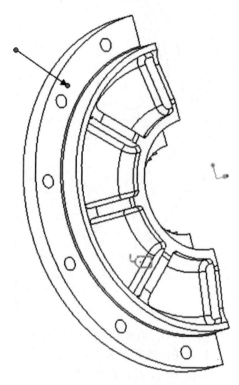

图 10-9　约束施加平面 1

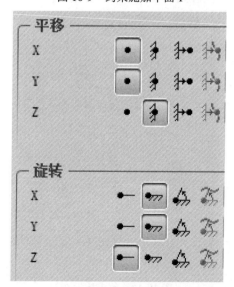

图 10-10　约束施加 1

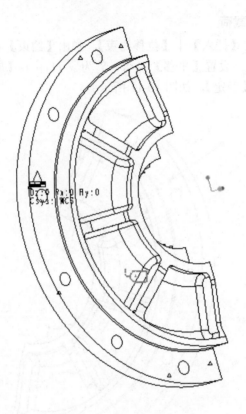

图 10-11　约束 1 施加后模型图示

(2) 点击菜单栏中【插入】|【位移约束】，弹出【约束】对话框，在【参照/曲面】选取如图 10-11 所示六个螺栓孔的内表面：设置【平移】栏 Z 为 ⊡ (自由)，【旋转】栏 Z 为 ⊟ (自由)，如图 10-12 所示。点击【确定】，如图 10-13 所示。

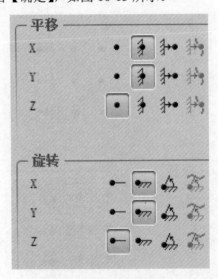

图 10-12　约束施加 2

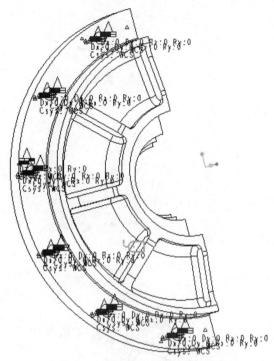

图 10-13　约束 2 施加后模型图示

　　(3) 点击菜单栏中【插入】|【位移约束】，弹出【约束】对话框，在【参照/曲面】选取如图 10-14 所示平面。设置【平移】栏 Y、Z 为 ▣(自由)，【旋转】栏 X 为 ▣(自由)，如图 10-15 所示。点击【确定】，如图 10-16 所示。

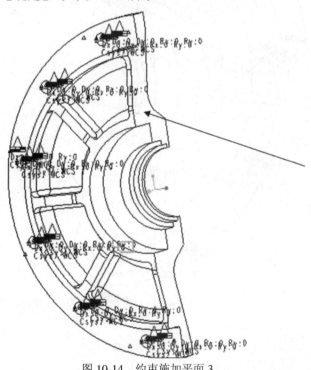

图 10-14　约束施加平面 3

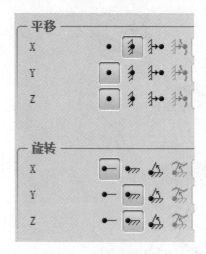

图 10-15　约束施加 3

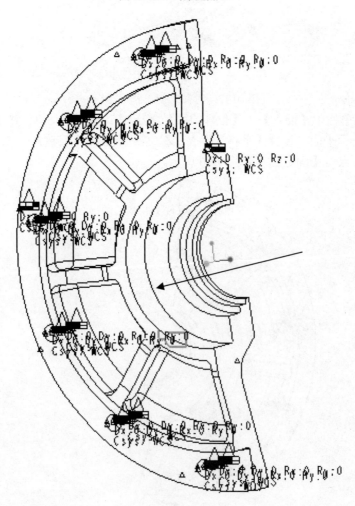

图 10-16　约束 3 施加后模型图示

(4) 点击菜单栏【插入】|【承载载荷】，弹出【承载载荷】对话框，在【参照/曲面】选取如图 10-17 所示平面。在"力/分量/Y"输入数值−5000，点击【确定】结束设置，弹出如图 10-18 所示对话框。点击【确定】(确认模型为对称)，如图 10-19 所示。

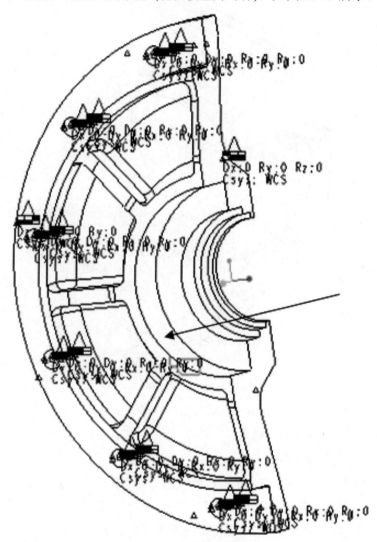

图 10-17 轴承载荷作用位置

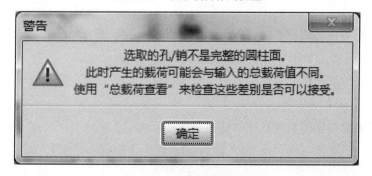

图 10-18 确认模型为对称

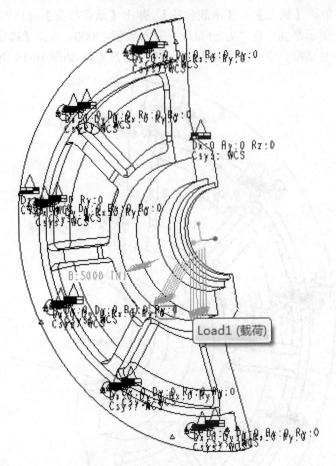

图 10-19　载荷施加后模型图示

5. 运行静态分析并获取分析结果

(1) 点击菜单栏【分析】|【Mechanica 分析/研究】。

(2) 在弹出的【分析与设计研究】对话框中点击菜单栏【文件】|【新建静态分析】，在弹出的【静态分析定义】对话框中点击【确定】接受默认设置。

(3) 在【分析与设计研究】对话框中点击菜单栏【运行】|【设置】，弹出【运行设置】对话框，如图 10-20 所示。点击【确定】继续(确认"元素"选中"使用现有网格文件中的元素"选项)。

(4) 在【分析与设计研究】对话框中点击【开始运行】图标 ，提示"是否要运行交互诊断"，选择"是"|显示分析状态，运行结束后关闭对话框。

(5) 在【分析与设计研究】对话框中点击【查看设计研究或有限元分析结果】图标 ，弹出【结果窗口定义】对话框。

(6) 在【结果窗口定义】对话框中切换到【显示选项】选项卡，勾选"连续色调"、"已变形"、"动画"，设置"缩放"为 5%，帧为 32，点击【确定并显示】，如图 10-21 所示。

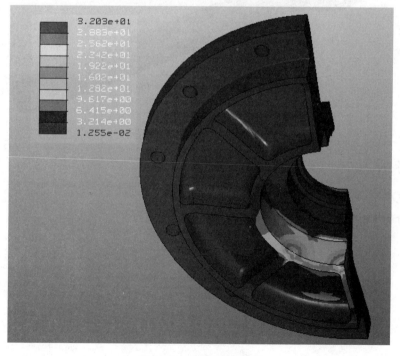

图 10-20　【运行设置】对话框

图 10-21　分析结果显示

四、实验内容

对如图 10-22 所示的扳手进行有限元静态分析，提示：扳手材料为 STEEL，约束条件和载荷如图 10-23 所示。注意，载荷施加位置需要创建曲面区域。在 Mechanica 中创建曲面区域可以分割某一曲面，从而能在曲面的一部分上执行操作。然后可像普通曲面或实体面一样选择曲面区域。可在曲面区域上定义模拟图元，如载荷、约束、测量、AutoGEM 控制、壳理想化等。使用"插入"(Insert) ｜"曲面区域"(Surface Region) 命令或单击工具栏上的⊘可创建曲面区域。

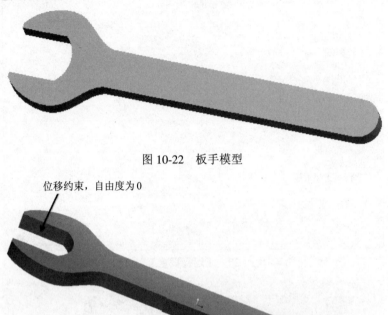

图 10-22　板手模型

位移约束，自由度为 0

力载荷，法向力 $F = -100$ N

图 10-23　约束条件和载荷图

五、思考题

1. 在网格划分前为什么需要对模型进行简化？
2. 试分析 Pro/E Mechanica 进行有限元分析的优缺点。

实验十一　综合实验 A

(建议一周学时)

一、实验目的

(1) 体会 Pro/E 各个模块的高度集成性；
(2) 掌握 Pro/E 与别的 CAX 软件的协同应用；
(3) 体会数据转换的过程。

二、基本知识

(1) 塑料顾问(Plastic advisor)的相关知识；
(2) Pro/E 模具模块的相关知识；
(3) Pro/E 工程图及 AutoCAD 绘图知识；
(4) Pro/E 数控编程知识。

三、实验内容

(1) 将工作目录指定到实验指导书随书光盘中的实验 11 文件夹，打开已有的模型，熟悉模型，三维模型如图 11-1 所示。

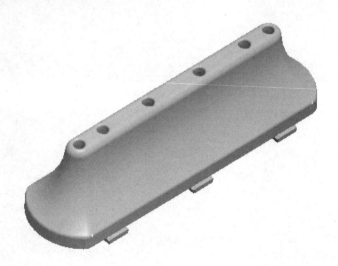

图 11-1　三维模型图

(2) 利用 Pro/E 自带的 Plastic advisor 或 Mold Plastic Adviser 分析制件的几何特性、可填充性，预测制件的质量，并决定是否对制件进行修改，制作缩痕估算、注射压力和质量检测图如图 11-2、图 11-3 和图 11-4 所示。

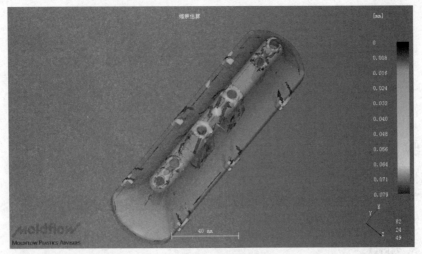

图 11-2　缩痕估算

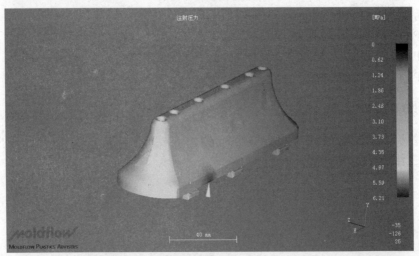

图 11-3　注射压力

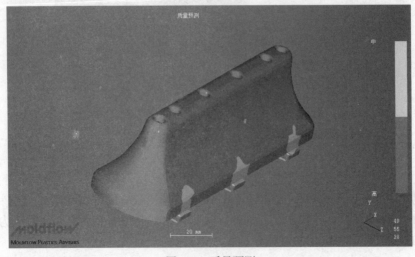

图 11-4　质量预测

(3) 利用 Pro/E 强大的分模功能，设计出如图 11-5 和图 11-6 所示的上、下模。

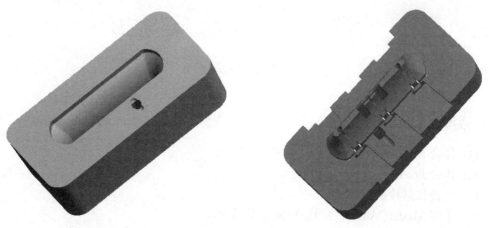

图 11-5 上模　　　　　　　　　　　　　　　图 11-6 下模

(4) 利用 Pro/E 的工程图模块生成凹模的二维图纸，并把工程图导入到 AutoCAD 中，绘制标准、规范的工程图。

(5) 利用 Pro/E 的加工模块编制凸模的数控加工程序，并进行数控切削仿真，如图 11-7 所示。

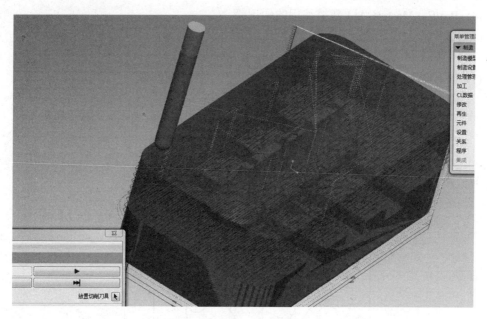

图 11-7 凸模的 Pro/E 数控加工

四、思考题

1. Pro/E 建立的模型如何生成二维图，需要注意哪些问题？
2. 用 Pro/E 的加工模块加工一个具有对称几何外形的零件，有什么简便方法？

实验十二　综合实验 B

(建议一周学时)

一、实验目的

(1) 体会 Pro/E 各个模块的高度集成性；

(2) 体会 Pro/E 的强大分析功能；

(3) 体会数据转换的过程；

(4) 了解 MasterCAM 的数控编程能力及易学性。

二、基本知识

(1) Pro/E 模具模块的相关知识；

(2) Pro/E 工程图及 AutoCAD 绘图知识；

(3) Pro/E Mechanica 分析模块的知识；

(4) Pro/E、MasterCAM 数控编程的知识。

三、实验内容

(1) 根据图 12-1 所示的二维图建立图 12-2 所示的三维模型。

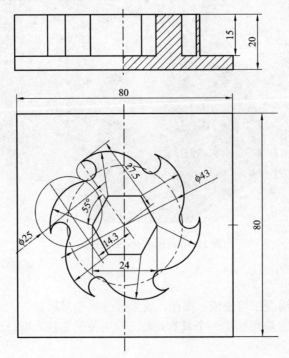

图 12-1　零件的二维图

图 12-2　零件的三维模型图

(2) 利用 Pro/E 自带的 Mechanica 分析模块分析该零件的模态。图 12-3 为该零件(材料为钢)在自由状态及固有频率下的模态分析图。

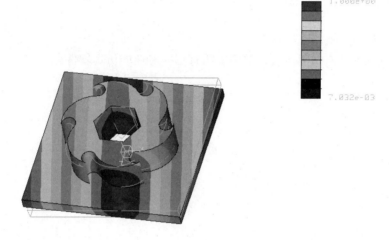

图 12-3　模态分析图

(3) 利用 Pro/E 强大的分模功能，设计出如图 12-4 和图 12-5 所示的型腔模型和型芯模型。

图 12-4　型腔模型

图 12-5　型芯模型

(4) 利用 Pro/E 的工程图模块生成凹模的二维工程图，并把工程图导入到 AutoCAD 中，绘制标准、规范的工程图。

(5) 利用 Pro/E 的加工模块和 MasterCAM 软件分别编制型芯的数控加工程序，并进行数控切削仿真，如图 12-6 和图 12-7 所示。

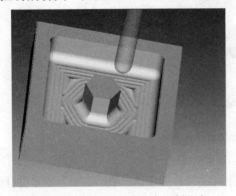

图 12-6 Pro/E 三维动态切削仿真

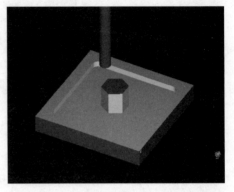

图 12-7 MasterCAM 三维动态切削仿真

四、思考题

1. 什么是模态分析？
2. 什么是三维动态切削仿真？举例说明有哪些专业的仿真软件。

实验十三 综合实验 C

(建议一周学时)

一、实验目的

(1) 体会 Pro/E 各个模块的高度集成性；

(2) 掌握 Pro/E 与别的 CAX 软件的协同应用；

(3) 体会数据转换的过程；

(4) 体会用 PowerMILL 进行数控加工编程的便捷。

二、基本知识

(1) 塑料顾问(Plastic advisor)的相关知识；

(2) Pro/E 模具模块的相关知识；

(3) Pro/E 工程图及 AutoCAD 绘图知识；

(4) PowerMILL 数控编程知识。

三、实验内容

(1) 根据图 13-1 所示的二维图建立图 13-2 所示的三维模型。

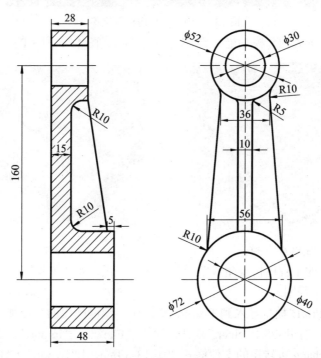

图 13-1 零件二维图

图 13-2　零件三维模型图

(2) 利用 Pro/E 自带的 Plastic advisor、Mold Plastic Adviser(塑料件)或 procast (金属件)分析制件的几何特性、可填充性，预测制件的质量，并决定是否对制件进行修改，如图 13-3 所示。

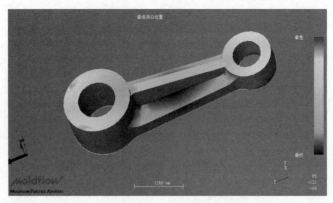

图 13-3　确定最佳浇铸口位置

(3) 利用 Pro/E 强大的分模功能，设计出如图 13-4、图 13-5 所示的上、下模。

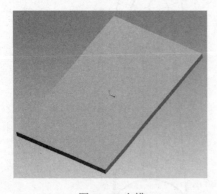

图 13-4　上模　　　　　　　　　　　　　　　图 13-5　下模

(4) 利用 Pro/E 的工程图模块生成凹模的二维工程图，并把工程图导入到 AutoCAD 中，绘制标准、规范的工程图。

(5) 把凸模的 Pro/E 模型导入到 PowerMILL 中，编制凸模的数控加工程序，并进行数控切削仿真。步骤：打开 PS-Exchange 软件，单击"File"｜"Import"，选择需要进行格式转换的文件(PS-Exchang 可转换的文件格式如图 13-6 所示)｜"Export"｜"DGK"｜"Export"。

ACIS
AutoCAD
Catia
CATIA5
Cimatron
DGK
DMT
Elite
IDEAS
IGES
Inventor
Parasolid
Part
Pro/Engineer
Rhino
Solidedge
Solidworks
STEP
STL
U3D
Unigraphics
VDA

图 13-6 PS-Exchang 可转换的文件格式

将转换好的文件导入到 PowerMILL 中，进行数控仿真加工，如图 13-7 所示。

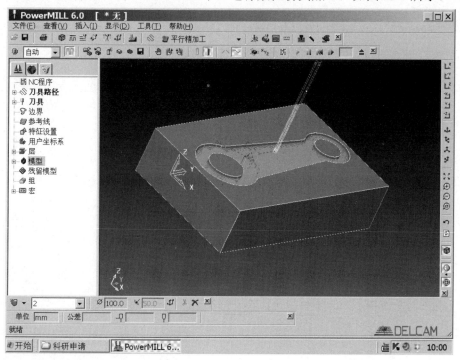

图 13-7 PowerMILL 刀具路线图

四、思考题

1. Pro/E 建立的模型如何导入到 Moldflow 中？如果导入的数据有损失，应如何补救？

2. Pro/E 建立的模型能否用别的加工软件来加工？要注意什么问题？目前有哪些著名的数控编程软件？这些软件有何共同点，区别是什么？